Star

星出版

新觀點
新思維
新眼界

高績效人士
都在做的 8 件事
Steps to High Performance

Focus On
What You Can Change
(Ignore the Rest)

馬克・艾福隆

Marc Effron —— 著

許瑞宋 —— 譯

我對高績效的思考和研究方式受到很多人
的影響。感謝多年來教導我、質疑我、
支持我和指引我的每一個人。特別感謝
我太太Michelle逾三十年來無盡的愛。

目錄

推薦序

職場如秀場，
掌握每一次的演出

馬克・艾福隆是《領導之路》（*Leading the Way*）和《一頁人才管理》（*One Page Talent Management*）的作者，他在這本最新著作《高績效人士都在做的8件事》中，提供了一幅非凡的路線圖，幫助我們發揮自身的最大潛能，取得最高水準的績效。

　　馬克告訴我，他這本書是以現代管理學之父彼得・杜拉克（Peter Drucker）的一段話為基礎，當時我立即知道，我會愛上這本書。我自己有關領導的最精闢見解，是以我個人從杜拉克那裡學到的東西為基礎，而馬克這本書也是以杜拉克的哲理為基礎：「不要試圖改變自己，因為不大可能成功。但是，你要努力改善自己的做事方法。」

　　馬克這本傑作建議了8個步驟，它們對於達成最高績效都很重要。我想針對步驟6〈職場上，適時假裝一下是必要〉分享一點看法，我很愛這一步。馬克這麼說：「高績效者在乎的是展現恰當的行為，而不是『表現真我』。你將學到，有時假裝一下是必要的，為什麼有時假裝一下比表現真我更好，以及在哪些情況下，假裝一種新行為至為重要。」

　　受精湛的劇場表演啟發，我將「假裝一下」稱為「演出時間」（Showtime）。每天晚上，訓練有素的劇場表演者，為每一場演出傾盡心力。有些表演者可能身體不適或受家庭問題困擾，但都沒關係；演出時間一到，他們就全力以赴。演員可能第一千次飾演某個角色，但坐在第四排的某位觀眾，可能才是第一次觀看表演。對真正的表演者來說，每一晚都是首演之夜。

　　一如優秀的演員，高成就人士有時必須是高明的表演者。如果他們必須激勵周遭的人以完成某項專案，又或者為了某些專案特地建立團隊，他們就必須這麼做——即使他們身體不適，又或者必須做的事與他們的性格有所衝突。為了幫助組織成功，他們會做一切必要的事。一如百老匯劇院明星，時間一到，他們就上場表演。這件事並不易掌握，但我所認識的頂尖領袖，全都學會並妥善掌握了這項教訓。

　　這只是你將從本書學到的諸多實用建議之一。這本書以大量研究為基礎，提供多項自我評估工具，是一本頂級實用書籍。

　　照著馬克在本書提出的8個步驟做，你將能達成你的頂級績效目標！

　　生活是美好的。

馬歇爾・葛史密斯（Marshall Goldsmith）

國際暢銷作家，撰寫、編輯過35本書，

包括《UP學》和《練習改變》

前言
一份小禮物：
真正有效的成功8步驟

我好希望我年輕時有人叫我坐下來，對我說：「馬克，我要告訴你如何在工作上大獲成功。我要講的一些事情是你很自然就能掌握的，有一些則需要頗大的努力。你可能認為我講的東西有些有效，有些無效。但我可以保證，我所講的對你提升工作表現全都有幫助，而你做到愈多，成就將會愈大。」

可惜不曾有人送我這份禮物，而我估計很少人收過這份禮物。這是很遺憾的，因為如果我們早就掌握這些洞見，我們追求高績效的路，就不必走得那麼艱難。由於不知道哪些建議真正有效，我們盡力從書本、上司、朋友和網路提供的各種績效建議中，選出看似有用的。

這些建議可能非常正確，也可能純屬傳說；在付諸實踐
之前，我們很難知道它們是否可靠。我們追求高績效的
努力，往往是靠反覆試驗，從錯誤中學習——我們做
自己認為正確的事，然後期望最好的結果。

　　由於我們的確知道怎麼做對提升績效有幫助，所以
前述的那種對話沒有發生，也就更加令人遺憾。沒錯，
有一些令人信服的明確科學研究發現告訴我們，個人可
以如何改善工作表現。這些建議並非「埋頭努力」之類
的陳腔濫調，而是具體告訴你應該怎麼做，例如如何設
定目標、應該堅持哪些行為以提升績效，以及如何加速
個人成長等。那麼，既然這些事實眾所周知，為什麼前
述那種對話沒有發生？

　　因為那些改善績效的有力洞見，深藏在塵封的學術
期刊裡，像一幅大拼圖散落各處的拼圖塊。一般人都不
是博士級研究者，不會去瀏覽原始文獻尋找這些洞見，
也不知道如何將許多個別洞見組合成連貫的方案。

　　最大的困難或許在於這些洞見極少以實用的方式表
達出來，只是偶爾散見於書籍或文章中，撰文者通常是
顧問或記者。他們對於所談主題雖有認識，但鮮少必須
在現實世界中應用相關概念。他們的建議或許理論上正
確，但往往忽略了各種現實因素，例如大家都很忙、優
先要務互有競爭，又或者老闆不支持等。

　　如果我們可以蒐集這些精闢的洞見，找出其中最重要的，使它們變得實用、適用、易懂，就可以讓每個人都成為高績效者。這種知識將使高績效民主化──高績效將是人人可得，不再僅限於少數的幸運兒，而這正是本書的目的。

　　我寫這本書，是為了幫助每個人都可以成為高績效者。身為一名企業高階主管和管理顧問，我看過太多聰明人因為不知道或不相信本書闡述的8個步驟而表現不佳。這些具有明星潛力的人，過度仰賴他們的壓倒性強項（也就是努力工作，進一步發展自己），直到因為忽略另外7個步驟而績效停滯，事業脫離正軌。有些領導人拒絕大好的建議，例如建立人脈網絡或改變某些行為，因為他們不相信這可以改善他們的績效。這些能力高強的聰明人，因此放棄了提升績效的良好機會，錯過了高績效可以帶給他們的美妙好處。

　　展開討論之前，我們先來界定高績效。所謂的高績效人士，是那些在絕對和相對基礎上，持續交出優於75％同儕的結果與行為的人。這裡有幾個字特別值得注意，「持續」意味著你經常表現傑出，而非只是偶爾展現出色的才華，或是在個別專案裡表現出眾；「相對」意味著你的績效必須優於其他人，而非只是超標而已，如果你超標，但你的同儕全都大幅超標，雖然你已經做得很好了，但你的表現仍然不如其他人。

為什麼是8個步驟？

　　如果邁向高績效有8個步驟，一個顯而易見的問題是：為什麼不是7個、9個或25個？得出8個步驟的旅程，始於我和米瑞安·歐特（Miriam Ort）合著的《一頁人才管理》。我們寫那本書，是為了幫助企業人資主管了解如何培養優質人才，掌握科學研究證實有效的方法，以最簡單的方式付諸實行。讀者喜歡那本書基於科學的簡單方法，我們也很高興看到很多公司因此改變了人才管理的方式。

　　但我迅速認識到，我們的最終目標其實是員工，而他們永遠不會接觸到我們的多數建議。我的目標並非企業建立更好的運作流程，而是更多員工能夠成功。我認識到，如果我直接向員工傳播高績效的有效方法，將可彌補企業在這方面的艱辛努力，補充它們做不到或做不好的地方。各位就是我的目標顧客。

　　從《一頁人才管理》出版到我撰寫本書的八年裡，我致力研究有關個人高績效的科學發現和實踐方式。我的目標是應用「基於科學的簡單方法」，辨明具有最強科學證據的績效提升因素，找出最簡易的應用方式。這意味著本書所講的一切，都必須經過證實可以改善個人績效。有些新概念因此未能入選，但這也確保了本書所講的方法真的有效。

　　為了了解相關的科學研究，我回顧了我在《一頁人才管理》中使用的有關績效的大量學術研究。例如我知道，科學研究證明，設定很好的目標和與公司策略契合，有助個人改善績效。培養個人能力對績效顯然也有幫助，雖然有關確切應該培養哪些能力和如何培養的洞見並不多。

　　此時，問題開始多過答案。我知道，認識和改善行為應該有助提升績效，但有沒有哪些行為可以保證在所有情況下，都能夠造就較高的績效？人脈網絡的功用有多大？大家都說這很有價值，但是否有證據顯示，這也可以改善個人績效？睡眠、運動和營養攝取，對於提升績效的影響又有多大？

　　決定應該寫什麼的唯一方法，就是盡可能閱讀最多有關績效主題的學術研究，並且根據研究結果決定納入什麼。我閱讀了數百篇文章，瀏覽了數千篇文章，最終納入本書的主題並不多。我希望納入本書的主題，都有統合分析（meta-analysis）得出相關行動確實可以提升個人工作績效的結論。[1]真實世界的驗證至為重要；利用白老鼠和大學生做的研究不算數。

　　除了閱讀學術文獻，我也看了大量有關如何改善個人績效的流行著作和文章，但它們提出的許多主張因為缺乏科學證據而不可信。有些幾乎是不當的科研操作，理應有更好見識的人，卻說出一些根本錯誤的東西。那些流行的商業書、文章和TED演講的主張，極少符合本書的篩選標準。

看了成千上萬篇不同主題的文章之後，只有8個主題，符合我替本書設定的標準。如果你對以前不曾有人概括總結這些資料感到奇怪，只要想想這些過程多麼費力就明白了。簡單說明一下，我主張的8個步驟是：

- 步驟1　**設定大目標**：了解如何設定高績效目標
- 步驟2　**堅持適當的行為**：知道哪些行為在不同情況下，都能夠造就高績效
- 步驟3　**保持快速的自我成長**：學會如何以最快的速度，培養最重要的能力
- 步驟4　**有效建立並運用人脈**：知道在什麼時候與什麼人連結，以及為什麼
- 步驟5　**盡可能與公司需求契合**：理解公司需求，並且適應公司策略
- 步驟6　**在職場上，適時假裝一下是必要**：了解為什麼有時候不應該堅持「真我」
- 步驟7　**如何做好體能管理**：知道如何管理好自己的身體，以維持巔峰表現

- 步驟8　**避免分心**：避開妨礙你取得高績效的管
  理風潮

前述每一個步驟，除了獲得科學研究證實有效，我還親眼目睹它們在各領域、各產業和全球各地區造就了成功的領袖。我也見過非常聰明的人因為忽略這些基本真理而失敗。

我在擔任一名美國眾議員的幕僚助理時，見過兩位非常精明能幹的領導者，競逐他們渴求的幕僚長職位。其中一人專注於成為草擬法案和完成立法的技術專家，另一人則投入時間認識其他議員的幕僚長，了解幕僚長的工作，並與那些可能影響他前途的人建立強而有力的關係。那名眾議員在決定幕僚長人選時，後者深廣的人脈（步驟4）成了決定因素。

我為世界各地複雜的大公司提供諮詢服務時，見過一些企業高層因為不明白公司的新策略，要求他們改變工作的方式而落後於形勢。一家大型醫療組織的執行長，將公司從一家新創企業發展成為年收入50億美元、雇用逾五千名員工的興旺企業。他的創業精神、對流程的蔑視和個人魅力，對公司的成功至關重要；不幸的是，因為公司規模已大，需要一名領導人替公司建立保持成功所需要的基礎設施和營運紀律。但是，這名執行長拒絕調整自己的作風，以配合公司的新需求（步驟

5），結果害自己和其他高層失去工作。

我也見過一些領導人從設定15到20個目標，轉為專注於他們可以為公司做的幾件最重要的事（步驟1），因此成為高績效者。還有一些領導人尋求較具挑戰性的事業經驗，發現風險較高的大舉動，可以加速個人發展（步驟3）。

不是新的，但證實有效

當你看完前述那8個步驟，可能不禁心想：「我已經知道很多年了！」沒錯，這8個步驟有充分證據證實有效，也就意味著它們完全不是新的觀念。它們是聰明科學家多年研究的成果，他們已經毫無疑問地證實每一個步驟都有效，這應該使你對這8個步驟的力量更有信心。問題在於很少公司或個人了解全部的步驟，或是知道該如何應用它們，以獲得最佳的結果。

好消息是，這8個步驟已經證實可以提升績效，而且你可以全部採用。接下來，每一章都納入可以幫助你走好每一步的具體建議和實用工具。你可以確定，這些步驟不但現在有用，未來多年仍將極有價值，因為它們是以有關人類行為的最強科學證據為基礎。企業在人員管理方面的偏好將會改變，但有關人類行為和績效的基本真理，則沒那麼容易改變。

誰將受惠於這8個步驟？

我在寫這本書時，有一名資深同事告訴我，隨身帶著一本有關如何成為高績效人士的書，對他來說會有點尷尬。他說，畢竟到了他這個年紀，理應已經「完全明白」這些道理。我想，如果我們在年輕時，全都接受過有關這8個步驟的教育，而且在我們的職涯裡一再付諸實踐，或許真的就是這樣。遺憾的是，在本書出版之前，不曾有人整理有關工作績效的所有科學研究，並將重要發現整理成簡單實用的步驟。

無論你的事業處於什麼階段或狀態，追求高績效都是值得的。你的職涯或許才剛起步，你想知道如何在你的公司或專業裡建立自己的地位。或許，你已是一位經驗豐富的專業人士，但事業進度或表現不如自身期望。也或許，你已是一位高績效人士，但並不清楚自己的成就仰賴哪些因素，哪些因素將損害你未來的表現。除非你已是所屬產業或專業裡績效最好的人，本書至少可以提供一些有用的建議，幫助你提升績效。

我希望你可以受惠於這本書，而我也確信，如果你送一本給你的團隊成員，他們將可受惠。本書提供的許多建議，很可能和你本來教導員工的道理相似；因此，你可以利用這本書強化你的訊息。本書提供的簡單評估和實用工具，將使他們肩負提升自身績效的更大責任。

　　我參加產業會議時，很多人拿著一本貼了很多紙條、翻爛了的書來找我 —— 那是我的上一本著作。他們說，他們每次遇到人才管理方面的問題，都會拿那本書當作參考。我希望各位將以相同的方式使用我這本最新著作，最好它是一本你隨時都可以參考的書，在你需要時，為你提供指導、工具或提示。

有關你真實的極限和意識中的極限

　　本書英文書名的副標題是「專注於你可以改變的（並忽略其他的一切）」，你將注意到，這種態度貫穿全書。我將精確闡述可以幫助你成為高績效人士的方法，告訴你如何在工作中付諸實行。我將請你撇開你無法成為高績效人士的所有藉口或理由，但這不代表我不明白每個人都有極限或局限，或是不同情那些在工作或個人方面陷入困境的人。

　　你的家庭生活可能充滿了挑戰，必須照顧年邁的父母，或者是單親媽媽，又或者每天必須費心的事情，已經多到令你筋疲力盡。在工作上，你的老闆可能很難相處，你的工作可能令你無法投入，你的同事可能很惡劣，又或者你們公司正步向破產。我理解這些困難，我想問的是：在這種情況下，你可以如何善用你仍可以付出的時間和精力，成為高績效人士？選一個你今天就可以開始做的步驟。在你大有進展之後，再選一個步驟開始做。你通往高績效的路，可能走得比別人慢，但至少你可以確信自己走在正確的道路上。

接受挑戰

　　完成這8個步驟的路徑是明確的，但是並不容易，需要你渴望成為一名高績效人士，努力完成每一步，並在整個過程中避免分心。你因為成為高績效人士得到的好處，將使你的努力和犧牲成為明智的投資。你的賺錢能力將可提升，你會學到更多東西，地位將會晉升得更快，得到其他人無法得到的經驗和機會。你必須做的是決心成功、相信自己的能力，並將通往高績效的8個步驟付諸實行。

序文
如何成為高績效人士？

有些人在職業生涯開始時，具有明顯的績效優勢。他們可能比你聰明，社會經濟背景較佳，身材樣貌吸引人，又或者性格特徵對工作表現有幫助。科學研究證實，這些因素對個人工作績效都有幫助。學術研究顯示，它們總共可以預測多達50％的個人績效。[1]我們且將這些因素稱為「固定的50％」，因為我們成年之後，它們基本上就是不可改變的。

當然，一個人即使在固定的50％方面占了優勢，也不保證可以成為高績效人士，但這意味著他在起步時具有明確優勢。一個人如果長相出色、聰明伶俐、天生勤奮、性格不討人厭、家庭背景中上，展開職涯時，就比一般人擁有更大機會成為高績效人士。他們仍有可能慘敗收場，但那不會是因為他們在起步時沒有優勢。

這是不公平的，也可能使你認為，能否成為高績效人士基本上不受你控制。好在那只是固定的50％，決定績效的所有其他因素，都是你可以控制的，包括你的能力、行為、人脈網絡，以至個人發展。我們了解這些因素，因為數以千計的學者研究過可能決定績效的每一項因素，從設定目標、學習方式到睡眠品質都在其中。我們且將它們稱為「彈性的50％」，因為你有能力隨意塑造它們。

想成為高績效者的人所面臨的挑戰，就是整理海量的資訊，辨明真正重要的教訓，並且付諸實行。本書整理了大量相關研究，概括出已經證實可以提升績效的關鍵教訓，並且告訴你如何應用。

為什麼要成為高績效人士？

或許，我們可藉由回答這個問題展開討論：「成為高績效人士，有什麼好處？」高績效可以讓你得到更多你重視的東西，無論那是彈性、權力、機會、薪酬，還是賞識。它奠定了事業成功的基礎，使你得以接觸組織裡一般人無法接觸的部分。之所以有這些好處，是因為組織熱愛高績效人士。它們知道，高績效者創造和維繫成功的企業。它們將努力找出績效最好的員工，給予這些傑出員工更多時間、關注、發展機會和薪酬，確保他們投入工作，並且設法留住他們。

企業的這種額外投資是明智的，科學研究顯示，高績效員工的產出，比績效一般或較差的員工多了100％至500％。[2]高績效者貢獻較多，因此也得到更多。這並不意味著績效一般的員工不值得公司重視，但他們確實不大可能獲得與績效頂尖者相同的投資。

作為一名員工，你應該追求高績效的另一原因是，這有助你獲得擢升。雖然沒有人能保證你可以只靠績效出色得到大好機會，但你的條件將比其他人有利得多。

如果你認為你的組織與眾不同，對所有員工同樣重視，最關注的並非績效，你應該看看《哈佛商業評論》最近發表的一項有關企業文化的調查。在這項調查中，受訪的逾250家公司，必須從八個類別中選出它們的核心文化風格。它們的選擇包括以關懷、宗旨、享受為導向的文化，但89％的公司認為，它們的核心文化風格是「結果」導向。[3]「結果」其實就是績效。只有9％和7％的受訪者，分別選擇宗旨和學習導向的文化風格，這使我們更相信，幾乎每一個組織最重視的就是績效。

我知道企業非常重視高績效人士，也是因為我在這方面為世界上一些最大、最複雜的公司提供諮詢服務。我們的顧問公司替客戶研擬策略找出高績效者，培養他

們，並使他們高度投入工作。企業明白高績效者帶給公司
的巨大好處，它們希望馬上就有更多高績效員工。它們希
望投入資源找出公司最好的人才，加以培養，同時處理絕
不可能成為高績效者的員工 —— 往往就是炒掉他們。

有關高績效，哪些說法真的正確？

你試著了解哪些方法已經證實可以提升績效時，注意力很容易被一些東西擾亂，例如無日無之、沒有科學根據的相關報導（什麼「專業放鬆術：改善睡眠的五個步驟」），又或者誘人點擊的連結，可能會問你這種問題：挨餓，是否可以使我們更專注工作？[4]（注意：耶魯大學的研究者認為，答案是肯定的。）這些報導通常與真正的科學沒什麼關係，也可能斷章取義地強調一兩個有趣的研究發現。無論如何，它們並不提供有關如何應用那些零碎資訊的任何實用指南。

即使有人宣稱某種主張「科學上已獲證實」，我們仍應保持審慎。在《紐約時報》暢銷書《異數》（*Outliers*）其中一章，麥爾坎‧葛拉威爾（Malcolm Gladwell）寫道，科學研究顯示，任何人練習一萬小時，就能精通一項技術。[5]媒體廣泛重述該故事，而學術著作和文章也引用該見解逾六千次。可惜這項說法並不正確：一些科學家迅速證明，一個人表現如何，只有不到三分之一取決於練習時數。[6]

如果你想成為高績效人士，就必須審慎判斷相關主張。為了評估一種說法是否可信，你可以將它歸入三個類別：它是調查研究、科學研究，還是確定的科研結果？你必須做一個決定：你需要什麼程度的證據，才願意相信一種說法？

- **調查研究**：一家顧問公司做一項研究並公布結果，通常是為了支持它推銷的一種產品或服務。結果可能是正確的，但未經獨立的第三方核實。顧問公司通常不會容許任何人驗證其說法。

- **科學研究**：研究者做一項精心設計的實驗，以驗證某個假說（例如：我們若根據應徵者的智力選人，將能請到績效較高的員工。）他們將研究過程和發現，發表在同儕審查的學術期刊上。其他人可以閱讀這些論文，就研究發現得出自己的結論。

- **確定的科研結果**：其他科學家做同一個實驗數十或數百次，幾乎每次都得出相同的結論。由此看來，研究結論很可能確實正確。這是最強的證據。

本書主張的8個步驟，每一步都是基於確定

的科研結果。在本書，如果我寫「科學研究」或
「調查研究」，可能是在談證據較弱的概念或例
子。我加入了數百條引用資料（參見注釋），以
便讀者瀏覽支持本書8個步驟的調查研究、科學
研究或確定的科研結果。

8
Steps
to High
Performance

成功8步驟

有什麼是科學上已經證實可以提升績效，而且你又能夠控制的？確定的科研結果顯示，下列的8個步驟，有助你成為高績效人士：

- **步驟1　設定大目標**：目標具有幫助我們集中注意力、激勵我們的神奇力量，這當然有助我們提升績效。我將說明如何辨明幾項真正重要、可適當提升你自身績效期望的目標。你將認識到，什麼是可助你滿足自身較高績效期望的理想指導方式。

- **步驟2　堅持適當的行為**：各種行為並非沒有差別，你將學到你最可能展現哪些行為、如何避免脫軌，以及如何將自身行為改為那些可以造就高績效的行為。你也將學到，如何辨明你們公司最重視的行為。

- **步驟3　保持快速的自我成長**：如果你在你們公司最重視的方面能力較強，你就比較可能成為高績效人士。你將了解什麼是可加快你個人發展的經驗、教育和回饋的最佳平衡。你將創造你的個人經驗圖，以加快和引導你的發展。

- **步驟4　有效建立並運用人脈**：那句老話並非完

全正確，但你認識誰確實重要，而你和他們的關
係有多強更重要。你將學到，如何在工作的世界
裡和工作以外，建立強而有力的人脈網絡，即使
你內向的性格使你最害怕做這種事。

- **步驟5　盡可能與公司需求契合**：人與工作環境
「契合」時表現最好；這意味著「錯配」，可能
使潛在的高績效人士，變成績效表現一般的人。
你將學會辨明與你最契合的情境，以及如何改變
契合程度，以改善自身績效。

- **步驟6　在職場上，適時假裝一下是必要**：你可
能聽過或讀過一些有關如何當「真誠」或「真
實」領袖的議論。我們將說明為什麼有時為了提
升績效，你不應該堅持「真我」，以及如何在職
涯的不同階段，調整自身行為以提高成功機會。

- **步驟7　如何做好體能管理**：你的身體對你的工
作能力影響重大，而且它是你可以完全控制的
唯一績效槓桿。你將了解睡眠如何支持傑出的表
現，以及運動和飲食控制對工作績效令人驚訝的
影響。

- **步驟8　避免分心**：認清哪些建議（無論它們多
流行、相關著作多暢銷）根本沒有用並不容易。
最後這個步驟，就是了解和避開無用的管理風

潮 —— 它們建議以簡單的方法解決棘手的績效
問題，使你難以專注已經證實有效的方法。

有人問我：是否有什麼是我原本以為將成為8個步
驟之一，但最終卻沒有的？答案是運動。在閱讀有關運
動的大量研究文獻之前，我非常確定，良好的身體狀態
與出色的工作績效有強烈的關係。不過，雖然身體狀態
不佳將藉由增加健康問題，間接拖累你的績效，但原來
每週多去幾次健身房，除了有助你保持好身材，並沒有
其他重要好處。

這8個步驟雖然簡單，但要真正做到其實並不容
易。它們要求你具有成為工作上高績效者的興趣、決心
和熱情。如果你渴望成為高績效人士，我將幫助你做到
每一步。首先，你可以先了解自己已經掌握了哪幾個步
驟，以及有哪些步驟是需要多練習的。為此，你可以做
一次8步驟的快速檢查（參見圖表I-1）。

有關固定的50%因素，你必須了解的

雖然本書強調的8個步驟將使你成為高績效人士，
了解固定的50％因素（如性格）如何影響你的行為和
表現是有益的。如此一來，你將明白8個步驟中，哪些
是你可以自然掌握的，哪些需要較多努力。雖然固定的
50％因素，賦予某些人成為高績效人士的潛力，但它們

圖表 I-1

8步驟快速檢查：你目前處於什麼狀態？

説明：保持簡單一點：「是」代表你已經確實做到；「否」代表你還沒確實做到。

成功8步驟

是／否	**績效心態**：我承認，為了在工作上取得高績效，我必須付出更多的時間和精力，並且承受更多個人犧牲。
是／否	**步驟1 設定大目標**：我在工作上有幾項具挑戰性的大目標，並尋求改善自身績效的定期指導。
是／否	**步驟2 堅持適當的行為**：我了解我的性格和「脫軌行為」如何影響我的表現。我經常尋求有助改善自身行為的洞見。
是／否	**步驟3 保持快速的自我成長**：我已經辨明能夠最有效加速我事業發展的具體經驗，並正處於或正積極尋求最新的關鍵經驗。
是／否	**步驟4 有效建立並運用人脈**：我經常加強我在組織內外與關鍵人物的關係。
是／否	**步驟5 盡可能與公司需求契合**：我知道我們公司未來二至四年將最重視哪些能力和行為，並且正調整自己，以配合這些需求。
是／否	**步驟6 在職場上，適時假裝一下是必要**：我視需要調整自己的行為，以盡可能提升績效，而非總是試圖展現真我。
是／否	**步驟7 如何做好體能管理**：我會優化我的睡眠和運動安排以支持高績效，並在無法做到時，採用科學上證實有效的方法加以補償。
是／否	**步驟8 避免分心**：我慎選績效建議，只採用科學上已經證實可以提升績效的方法。

針對答案為「否」的步驟，請列出你最希望自我改進的三個步驟。你可以從任何一個步驟開始閱讀本書，因此可以考慮先看這三個步驟。

我想優先改善的領域1是步驟 #＿＿＿
我想優先改善的領域2是步驟 #＿＿＿
我想優先改善的領域3是步驟 #＿＿＿

無法保證成功。

　　例如假設你參加一百米賽跑，另外三名跑手的起點在你前方兩米、五米和十米處而終點相同，則他們每個人起步時相對於你都有優勢。但鳴槍起跑後，跑手的準備有多充分、心態有多積極，以及技術水準有多好，將決定他們的速度。如果你訓練得比較積極、飲食比較聰明，而且更了解短跑的原理，你就有可能克服起步時的劣勢，贏得比賽。

　　你的智力、核心性格、身材樣貌和社經背景，是你無法控制的固定50％因素。

你的智力

　　你有多聰明（以智商衡量）約一半是遺傳的，而且可能決定了你25％的工作績效，所以如果你不滿意自己的智力，就怪你的父母吧。[7]智力是決定績效的最大單一因素，影響力之大至少是其他個別因素的兩倍。好消息是：如果你的智商處於較高的平均水準（智商測試結果介於110～119之間），你應該有能力在許多情況下成為高績效人士。大學畢業生的平均智商為115。[8]如果你的工作比較複雜（譬如你是火箭科學家），高智商確實比較重要，但智商太高可能損害你在管理工作上的效能。[9]

　　智力屬於固定的50％因素，因為到我們接近20歲

時，智力基本上就已固定。當然，我們之後還可以學習
新東西，但我們的基本智力將不再顯著改變。如果你認
為，你現在比你18歲時知道更多東西，那是真的，但
這無關緊要。想想電腦的處理器和記憶體。處理器處理
資料，以便電腦完成一些工作，而處理器的運轉速度，
無法超過其預設上限。處理器就像你的智力 —— 你處
理資料的速度是有上限的。電腦記憶體可以儲存大量資
料，你可以增加記憶體，以便儲存更多資料。記憶體有
如你的知識。你可以逐漸增加記憶體，但你處理資料的
速度（你的智力），不會顯著改變。

你的核心性格

父母送給你的另一份禮物，是你的核心性格，而它
一如智力，約一半是遺傳的。你的核心性格受你截至20
歲出頭時經歷影響，此後還可能略有變化，但到你開始
工作時，基本上就已固定。[10]

我使用「核心」性格一詞，是因為雖然核心性格引
導你的行為，但你的行為仍然完全由你控制。例如，若
你天生比較外向，你在職涯初期可能就已經有人告訴
你，你在團隊會議裡說很多話，必須給其他人參與討論
的機會。你因此糾正你的行為，但你的核心性格並未因
此改變，你只是學會改變行為方式。你外向的核心性格

特徵，意味著你天生傾向採用某種行為方式，但你並非不可以改變行為方式。這種行為方式的抉擇，使你的核心性格與人們在工作上對你的印象，出現關鍵差異。

你的身材樣貌

你的身材樣貌影響你成功的能力，這無疑「不公平」。青少年時期或成年後個子較高的人，具有較高的社會尊嚴，表現也較好，而且他們的身高比平均水準每高出1吋（2.54公分），收入就多1％至2％。[11]因為這種持久和眾所周知的關係，一些科學家甚至建議針對高個子課稅，以平抑他們不公平的「非勞動所得」！[12]

美貌也很重要，外表出色的人收入較高，而且被視為更聰明，雖然樣貌和智力其實沒什麼關係。[13]體重偏見降低了肥胖者獲得聘請和得到較高績效評等的可能性。[14]性別不影響績效評等；女性得到的評等，通常略高於男性，但加薪幅度卻低一些。[15]種族偏見全球皆有，雖然人們講了很多好聽的話，也投入了大量資源，種族偏見仍然普遍存在，消失得不夠快。

沒錯，這些都不公平，但別忘記：聖雄甘地身高163公分，搖滾巨星波諾（Bono）身高170公分。身高與收入有關係，但身高並不完全決定你的收入。企業界正緩慢地出現更多女性和少數族裔執行長。至於美貌，企業管理層有許多績效出色但其貌不揚的人 ── 如果只論樣貌，這些人永遠不可能登上《Vogue》或《GQ》雜誌的封面。我們應該繼續對抗所有的不公平偏見，但也要努力掌握可控制的彈性50％因素。

你的社經背景

　　你的社經背景是決定你的學業成績的最重要因素之一；我們根據你的社經背景，既可預測你未來的能力，還能預測你最可能上什麼大學。[16]如果你上一間排名很高的學校，你很可能會有素質較高的教授、比較聰明的同學，而且畢業後將有較多較廣的就業機會。這是不公平和無法控制的，但畢業之後，就不值得為此憂慮。

　　固定的50％因素非常有力，而且大致上無法改變，但它們最多只能決定你50％的工作表現。通往高績效的路上，很可能還有數以百計的其他障礙，例如老闆很壞、景氣不佳、同事難合作、運氣不好等，但通往高績效的路還是可行的。檢視彈性的50％與固定的50％因素，你會發現，你的績效在很大程度上還是掌握在你的手上（參見下頁圖表I-2）。如果你能有效執行本書主張的8個步驟，你將能克服你在固定50％方面的起步劣勢，成為工作上驚人的高績效者。

想要高績效，有幾件事你得先知道

在邁向高績效的路上，必須考慮的另一些東西，包括犧牲與平衡、高潛力與高績效的差別、績效的相對性質、靠自己，以及如何避免自我挫敗。

犧牲與平衡

你必須要有高績效人士的心態，才有可能取得高績效。高績效人士的心態追求競爭優勢，願意自我犧牲，重視工作績效甚於其他東西。有關工作與非工作活動交

圖表I-2

彈性的50%因素 vs. 固定的50%因素

彈性的50%因素（可變的）
- 你如何設定目標
- 你的行為方式
- 你的自我發展方式
- 你的人脈管理
- 你如何呈現自己
- 你如何管理自己的睡眠

固定的50%因素（不可變的）
- 你的智力
- 你的核心性格
- 你的社經背景
- 你的種族／性別／身材樣貌

集的辯論，質疑「面面俱全」的可能性。有人認為個人可以面面俱全，但這項假設禁不起深究。追求高績效，意味著你在工作上盡力爭取最大成就；如此一來，你將很難兼顧比較費時的其他活動。你要怎麼分配時間都可以，但你在某個領域投入較多時間，其他領域可用的時間就難免減少。

高績效人士的工作時間，通常比績效一般者長。個中原因不難解釋，如果技能和積極性相同的兩個人做同樣的工作，其中一人投入的時間多了25％，他的產出通常比較高。他因為投入額外的時間，創造出一種良性循環。投入更多時間工作，意味著學到更多，他因此變得更能幹，未來或許可以產生更大貢獻。他因為投入更多時間而表現較佳，此事在組織裡為人所知，他因此獲得更多機會展現自己的能力。或許，他可以更常接觸到組織高層，而那些高層可以成為他的師傅和贊助人。他不會因為投入更多時間工作，就一定可以成功，但他比工作時間較少的人更有可能成功。

我偶爾會聽到有人說：「我的工作效率非常好。別人花50小時做的事，我40小時就能完成。」或許真的是這樣，但這還是有代價的。許多人在談自己較高的工作效率時，往往提到自己如何避免社交活動（例如在茶水間與人閒聊），或是在家裡工作，避開辦公室裡各種令人分心的事。雖然這些行為，或許可以提高工作效率，但當事人可能忽略了建立重要的關係，而這是在任何一個組織裡成功不可或缺的。

此外，如果你比同事花較少時間完成相同工作，你並非高績效人士，你只是做事有效率。你完全沒有比績效一般者貢獻更多東西，你只是比較快的績效一般者。投入更多時間，意味著你可以花更多時間在造就高績效的所有事情上。有效率是好事，但你還是必須比其他人做得更多、更好，才能夠成為高績效人士。

高績效要求你重視工作表現甚於其他東西，你投入的額外時間用在哪裡、如何運用可以有彈性，但適度投入更多時間，對高績效人士來說是必要的。

高潛力 ≠ 高績效

許多人混淆了高績效（現在就把工作做得特別好）與高潛力（將來有能力負責更重大、更複雜的工作）。你必須在某方面展現高績效，才會被視為具有高潛力，但這只是第一步。眼下的高績效僅意味著，你未來很可能在類似情況下展現高績效。如果你現在是程式設計高手，將來很可能仍將是程式設計高手，或許還將學會其他程式語言。你的程式設計能力，並不意味著你可以有效管理其他程式設計者，或是領導一個資訊技術架構團隊，又或者在其他技術工作領域表現出色。

績效是相對的

你是不是高績效人士，並非只看你自己的表現，還取決於其他人的表現如何。假設你和蘇西負責類似的銷售區域，而且賣的產品完全相同，你的業績超標25％，非常好！但蘇西的業績超標50％。你這一年的表現很好，但蘇西的表現更好 —— 她的績效更好。這並不意味著你應該視同事為競爭者，但你應該認識到，真正的績效標準是：相對於最佳結果，你的表現如何？人們對你的評估，並非只看你交出什麼成績，還會看其他人的表現如何。這是你終身都將面對的現實：你最好認清這一點，並且欣然接受。你不必事事追求第一，但是你要記住：你做的每一件事，都有人努力要成為表現最好的人。

靠自己

你可能認為，你的公司將會（或應該）提供必要支持、指導和工具，幫助你成為高績效人士。有些公司會這麼做，有些不會；無論如何，指望雇主成就你的工作績效是很冒險的。在執行本書主張的8個步驟之前，你必須先承認：你對自己的績效負有責任。

避免自我挫敗

你聽過「一個人最大的敵人是自己」嗎？這句話良好概括了我們的大腦有時如何阻礙我們成為高績效人士。大腦的核心功能，是確保我們能夠生存下去，除了幫助我們追求食物、住所和伴侶，大腦努力保護我們的自我形象和自尊。[17]大腦致力維護我們的自我形象，結果在我們追求高績效的路上，製造出一些很難克服的障礙，包括：

- **我們傾向將失敗歸咎於外部因素**：我們很容易將好事歸功於自己，將自己的失敗歸咎於外部因素。如果你今年銷售業績很好，那是因為你非常努力，而且致力改善自己的人際技巧。如果你未能達到績效目標，那是因為你負責的區域太大、太小、太窮或太競爭。這種自私的偏見，使我們很難誠實評估自己的表現和行為。[18]

- **我們有時會誤判別人的意圖**：例如，「瑪麗那麼做，是為了使我在會議上難堪！」問題是，你怎麼知道那是瑪麗的意圖？瑪麗在會議上說了一些話，很可能是提出她真心相信的意見，並沒有想到你。我們得出這種錯誤的結論，就是犯了基本歸因謬誤（fundamental attribution error）；這種錯誤可能破壞關係、損害互信，進而阻礙我們改善績效。[19]

- **我們忽略有助改善績效的資訊**：如果我們是完全理性的人，希望改善自己的表現，將會審慎考慮接收到的有關自身表現的所有資訊。奇怪的是，大腦很愛與我們作對，特別重視那些強化我們自我形象的資訊，忽略其他信息。我們周遭有很多有助我們改善績效的資訊，但我們往往錯過聽取和應用教訓的機會。這就是所謂的確認偏誤（confirmation bias），可能使我們對自身的行為、表現和其他人對我們的觀感，產生非常錯誤的看法。[20]

雖然這些謬誤可能妨礙我們改善績效表現，一旦你認清它們，就可以大大減少受它們影響。步驟2〈堅持適當的行為〉，將說明我們應該怎麼做。

達成理論上最佳績效

研究人體生物力學的科學家，賦予我們一個有關工作績效的大好基準 —— 理論上的最佳績效。他們的研究告訴我們，一名舉重運動員的體能、營養、腎上腺素和其他情況若處於最佳狀態，理論上可以舉起的最大重量是多少。這個重量實際上是不可能舉起的，但理論上

最佳績效的概念，有助我們明白一件事：我們理論上的
最佳績效，遠遠優於我們目前的實際表現。

　　一般人去健身房做重訓，可以舉起的最大重量，約
為其理論極限的65％。訓練有素的運動員，通常可以舉
起其理論極限的80％左右。在奧運會上，舉重選手的
成績通常達到其理論極限的92％或93％。奧運選手可
以舉起的重量，比一般人多了50％左右——更重要的
是，也比訓練有素的運動員多了15％左右。[21]

　　你可以用完全相同的方式，來思考你的工作績效。
如果你充分運用已知的提升績效的方法，你可以多接近
理論上的最佳績效？本書就是希望幫助你盡可能接近你
理論上的最佳績效。看完這本書之後，你將明白哪些因
素有助你接近你理論上的績效極限，以及如何將建議的
方法妥善付諸實行。一如舉重選手，你將認識到，成功
並非只是再努力一點，而是有系統地優化每一項要素，
增強致勝所需要的幹勁、心態和能力。

我們開始吧！

　　現在，你已經了解你可以控制的彈性50％因素、你
無法控制的固定50％因素，以及理論上最佳績效這項新
標準。本書為你提供基於科學的實用指南和工具，幫助
你盡快創造出績效新高峰。本書提供的建議非常透明：

什麼有效、什麼無效，以及如何應用科研結果成為高績
效人士，全都說得清清楚楚。現在就受到震撼，並且認
清事實，好過浪費多年時間在錯誤的方法或公司上。不
是每一個老闆或每一家公司都會誠實告訴你，如何才能
成為高績效人士，但我會坦誠相告。

　　我們開始吧！

8
Steps
to High
Performance

步驟 1

設定
大目標

交出重大成果，這是高績效的核心，也是你在擔心其他7個步驟之前的關鍵步驟。好消息是：這方面有強大的科研結果，告訴我們確切應該怎麼做，而基本原理長期以來完全未變。

想想米開朗基羅。1506年，教宗儒略二世決定找人替西斯汀禮拜堂的天花板畫壁畫，他邀請藝術家米開朗基羅接受這項挑戰。照理說，米開朗基羅應該視此為終身難逢的好機會，但他卻興趣缺缺。他主要是一名雕塑家，而非畫家，在羅馬的夏天從天花板上懸吊下來工作，對他完全沒有吸引力。當時，他正忙著替教宗儒略二世未來的墳墓雕刻，因此他大可老實告訴教宗：「我現在的工作負擔已經過重，謝謝你想到我。」但米開朗基羅本身是虔誠的天主教徒，而教宗是他工作上的主要金主，最後他覺得自己必須接受這項任務。

儒略二世告訴米開朗基羅，他認為天花板上，應該畫出巨幅的十二門徒畫像。米開朗基羅則提出一個宏大得多的構想：在天花板上畫數以百計的人物和有力的圖像，藉此說明《舊約》和《新約》的重要故事。他說服了儒略二世，使他相信這個比較大膽、冒險的構想，可以達到原本的目標，而且效果好得多。他很快就開始畫 —— 是站著畫，而非像傳說所講的躺著畫。

雖然米開朗基羅具有廣博的《聖經》知識，足以支

持他創作壁畫，他還是請來了著名神學家、奧斯定會修
士、維泰博的吉爾斯（Giles of Viterbo）當專家顧問。
結果我們現在都知道了：西斯汀禮拜堂天花板壁畫自
1511年完成以來，不但米開朗基羅和儒略二世滿意，參
觀過的數億人，全都讚嘆不已。

在米開朗基羅和他的老闆儒略二世創造西斯汀禮拜
堂壁畫逾五百年後，藉由設定目標和接受指導交出重大
成果的公式還是一樣。米開朗基羅的目標是：

- **契合的（Aligned）**：儒略二世向米開朗基羅提出
  西斯汀禮拜堂天花板壁畫設計的初步構想，米開
  朗基羅同意基本目標，但根據自身獨特的知識和
  專長，提出另一種執行構想。這當中既有由上而
  下的指導，也有由下而上的微調。

- **堅定的（Promised）**：米開朗基羅告訴儒略二世，
  他手上有太多其他重要工作，儒略二世並未增加
  米開朗基羅的重要工作項目，而是調整了工作次
  序，將天花板壁畫設為米開朗基羅的首要目標。
  儒略二世認識到，若要得到傑出的表現，米開朗
  基羅必須專注於關鍵的幾件事，並且全心投入。

- **艱難的（Increased）**：即使米開朗基羅是出色的
  畫家，在西斯汀禮拜堂天花板上創造壁畫傑作，
  仍是高風險的重大嘗試。任務失敗、結果令人尷

尬的可能性非常大。儒略二世設定了一項明確的目標，米開朗基羅的願景，則大大提升了「創作天花板壁畫」的目標。

- **聚焦的（Framed）**：儒略二世和米開朗基羅同意了一項明確、重要和可測量的目標：在西斯汀禮拜堂天花板上創造壁畫傑作。所有的努力因此聚焦於唯一重要的事——交出壁畫傑作，同時適當忽略成就這件事所涉及的所有子任務。

米開朗基羅也認識到，一名出色的教練，可以指導他交出傑出的成果。他非常熟悉《聖經》，大可根據自己對《聖經》人物和故事的充分認識，創作自己構想的壁畫，但他選擇接受專家的指導。

這個故事告訴我們什麼？

米開朗基羅大可按照儒略二世的要求，畫出非常吸引人的壁畫，但那絕不會被視為偉大的藝術創作。他大可抱怨工作太忙、工作環境不理想，又或者繪畫不是他「真正的」工作。他大可完全根據自己的構想畫畫，不尋求專家的指導。無論他是否知道，但他在這件事違背了他的自然本能，結果成了藉由設定大目標交出更好成果的一個好案例。

焦點正確的大目標，使你得以創造出更好的績效表現。大目標也考驗你的能力，幫助你建立自信，相信自己未來有能力交出重大成果。因為大目標較難實現，你可能必須被迫建立新的技術和能力，以實現目標。在過程中，你比目標較容易實現的人成長得更快。邁向高績效的第一步，就是設定大目標。

科研結果顯示

多年來，科學家研究人類的工作表現，提供了許多有助我們直接改善績效的驚人見解。相關科研結論的核心是動機，也就是促使我們交出工作成果的力量。我們努力追求工作成果，是因為我們享受自己的工作（內在動機），又或者我們在完成工作之後，可以得到我們重視的某些東西（外在動機）。目標可以創造動機，幫助你以有益的方式運用動機。[1] 目標有固定的一面，因為具有某些性格特徵的人，就是有較強的動力爭取出色的績效，但你還是可以控制自己的規劃、努力和執行。[2]

有關設定目標，確定的科研結果指出：

- **目標很重要。**目標有助改善績效，這是基本的科學事實。如果你有明確的目標，你的表現會優於只是努力嘗試做好一件事。假設主管要求你和一名能力相若的同事推銷一款產品，她請你的同事盡力而為，賣愈多愈好，但她替你設了一個頗高

的具體銷售目標。科研結果指出，這項明確的目
標將創造出焦點和動力，使你的成績優於只是盡
力而為的同事。如果做相同的工作，有目標的人
的表現，幾乎總是優於沒有目標的人。[3]

- **較艱難的大目標，可促使你交出更好的成績**。這
  是因為面對挑戰更加努力，是人類根深柢固的習
  性。如果我挑戰你，要求你原地跳高一呎，你將
  試著這麼做。如果我要求你跳高兩呎，你也將嘗
  試，即使你認為自己做不到，而你愈努力，將愈
  接近你理論上的最佳績效。只有在獎賞已經無法
  激勵你，又或者你的體力已經透支的情況下，你
  才會停止嘗試。理論上最佳績效的原理指出，如
  果你努力，你的績效可以超出你平常水準20％至
  40％。[4]

- **目標集中，可以提高成就**。相對於設定許多目
  標，專注於幾項目標有助改善績效 —— 這是許
  多人低估但非常重要的研究發現。目標之所以有
  力，是因為它們可以激勵你、使你專注，而設定
  太多目標就失去專注的作用。科學研究指出，我
  們每增加一項目標，投入的精力將愈來愈少；這
  意味著設定太多目標並非雄心勃勃，而是適得
  其反。[5]專注三件事並做得非常好，好過追求六

個、八個或十二個目標但都做不好。

- **提供指導時，著重於面向未來**。指導結合回饋與方向 —— 這是你現在的表現，這是你未來可以如何做得更好一些。有力的科學研究指出，回饋有助改善績效，而回饋若是針對活動、而非行為，效果最好。此外，如果回饋與當事人的自我形象沒有衝突，他們的反應也會比較好；因此，前瞻式指導（「你或許可以考慮……」），比回顧式評價（「你做得很差」）更有可能造就改善績效的轉變。[6] 在步驟2〈堅持適當的行為〉中，我將詳述如何尋求和提供出色的指導。

應該怎麼做？

設定重大目標，可確保你追求的成果足夠重要，值得其他人關心。專注於少數重大目標，並不意味著你應該忽略重要任務，或整體而言減少工作。它意味著你明白哪些任務對你的組織最有價值。專注於少數重大目標的心態，也區分了高績效人士與那些只想滿足最低工作要求的人。高績效人士希望在那些對公司最重要的領域，取得顯著的超額成就 —— 他們將作出重大承諾，交出重大成果。當你追求超額成就時，失敗的風險也比較大，但除非承擔這種風險，你不可能成為高績效人士。

　　許多讀者設定目標，是配合公司的績效管理流程。你配合公司的做法，上司參與設定你的目標，你也可能必須使用特定的技術方案。我的建議考慮到這些情況，但如果你不在企業裡工作，不受這些要求約束，我的所有建議仍然適用，而且你可以避開可能令設定目標變得不愉快的企業官僚程序。

　　有一套簡單的流程，可以設定促成高績效的目標 —— 調和、承諾、提升、表達（參見圖表1-1）。

調和

　　你必須致力於公司最重視的事情，才有可能成為高績效人士，因此你必須明白公司或部門哪些目標比較重要。在某些組織裡，目標是從公司或部門的最高層逐個層級下達。在此情況下，獲得指示可能非常簡單 —— 有人告訴你：「這是你必須努力的事。」如果指示不夠

圖表 1-1

如何設定大目標

調和	▶	承諾	▶	提升	▶	表達
確保向上契合		少數（3個），排好優先順序		考驗自己的能力極限		SIMple原則

清楚，你可以試著這麼做：

- **詢問**。你可以問你的主管：「根據部門和公司的優先事項，你希望我未來一年（或一季），專注於什麼工作？」或「你最希望我未來一年，完成哪三件最重要的事？」你也可以訴諸他們的自身利益，問他們：「你的目標哪一個是我最適合幫忙的？我可以怎麼做？」
- **研究**。檢視公司、部門或所屬職能的策略，根據自身角色，找出對實現該策略最有幫助的三件事。如果策略文件不易取得，檢視公司的「投資人關係」或「有關本公司」的網頁。那裡幾乎一定有公司高層對本年度優先事項的說明，你也可以先自行解讀你從所屬團隊、部門或公司高層那裡聽到的話。

你研究所得的答案，應與你的主管討論，以確保你正確地將公司的策略，轉化為個人目標。

承諾

新心態是設定重大目標的基本出發點，你應該清除有關如何選擇目標的所有舊觀念，問自己：「今年我將對組織作出哪三項重大承諾？」這種新框架將你的思想，從你必須做的事，轉移到你將交出的成果上。你並非只是強調幾項工作責任，然後稱為目標。你是在做個人承諾，致力於對你的主管、部門和公司最重要的領域，交出重大成果。

使用「承諾」而非「目標」這個詞，似乎只是做作的文字遊戲。但是，這種字眼上的改變，使你的陳述變得更嚴肅，在情感上也更加投入。說自己有個目標是在9月底前完成某項專案，與承諾在9月底前完成某項專案，是有差別的。

三項重大承諾。在許多公司，員工設定的目標，遠多於他們必須完成的真正重要事項。有時，這種情況是上司主導的：他們認為做「小事」，也必須得到賞識，或者可能認為設定目標，是專案管理的一種形式。科學研究指出，專注很重要；許多人因為把事情弄成不必要的複雜，結果損害了自己的績效。他們冗長的目標清單，模糊了最重要的目標，結果難以知道應將精力集中在哪裡。

想想下列三個目標：

- 推出新的顧客關係管理系統，用戶滿意度達到90％。
- 在印度戈剛（Gurgaon）開設辦事處，招募高績效人才為員工。
- 減少生產瑕疵10％。

　　它們看來正是你往往會納入冗長目標清單中的事項，但在要求聚焦於較少重大目標的環境下，這三項承諾將是你僅有的三個目標。你已經決定，這些是你這一年或這一季可以完成的最重要任務。在這一年裡，你至少將有其他數以十計的事情必須完成，但你將表明，兌現這三項承諾對組織的貢獻，將大於你做的所有其他事情。你當然可以換一個目標，但你必須先決定要換掉哪個目標。

　　此外，這些簡短的陳述，就是完整的目標，下方不會列出你為了實現目標打算要做的15件事。你的目標是兌現你作出的承諾，不是因為做了有助實現目標的事而得到讚賞。結果是你達成目標，又或者失敗了。

　　許多主管在目標設定方面做得不好，是因為他們列出了太多太小的目標，而且不分輕重緩急。減少目標有兩種可靠的策略：（1）將多項活動結合成一項重大承諾；（2）釐清優先順序。

　　將活動結合成承諾。如果你選了一組典型的目標，其中至少有些看起來會像活動。在你的目標清單上，可能會有這種項目：「聘請新的Ruby on Rails程式設計師」，或「與新的無麩質麵粉供應商簽約」。兩項都是重要的活動，但它們真的就是你為了提升績效，對公司作出的重大承諾嗎？

　　與前一句相關的真正重大承諾，可能是「在第三季結束之前，推出新的XYZ應用程式」。聘請一名Ruby on Rails程式設計師，是達成這項目標的重要一步，但其意義不足以作為一項目標。與第二句相關的承諾，可能是「在6月1日之前推出新的無麩質麵包」。無麩質麵粉是這種麵包的必要材料，但找到新的供應商，只是對你推出這種麵包有幫助。你不該因為向目標邁出一步而得到獎勵，即使那一步可以替公司節省金錢或時間。

　　好消息是：被當作目標列出來的活動，往往是重大承諾的好「原料」。你可以把握機會，將這些原料結合成對公司有重要意義的承諾。

　　替承諾排出優先順序。即使你（或你上司）認為，你所有的目標都非常重要，但總是會有幾個目標特別重要。找出最重要承諾的行動，始於檢視公司或部門的業績目標。閱讀這些目標，然後考慮你的承諾清單。你的哪一項承諾，最有可能對實現那些目標作出重大貢獻？找出答案的一個簡單方法是，將你所有的目標，從作用最大依序排列到作用最小的。每當你必須從許多有價值的項目中作出選擇時，這種排序法都有幫助。你只需要根據你選擇的標準，例如對業務的影響、部門的優先目標、上司的要求等，將目標依重要性排列出來，然後你的優先承諾就應該顯而易見。

提升

為了逼近個人理論上的最佳績效，你必須提高個人目標的挑戰性。記住，科學研究清楚指出，重大目標造就重大成果，提高目標的挑戰性，因此應該有助提升個人績效。重大目標也有助你成長，因為你將必須學習完成任務的新方法，以達成自己設定的重大目標。

目標重大，並不意味著目標不切實際，或者無法達成。你可以選擇下列一種方式，來提高目標的挑戰性：

- **速度**。你將更早完成專案，使流程運作得更快，又或者縮短銷售週期。
- **品質**。你將減少瑕疵，提高顧客滿意度，或改善產品的外觀或使用體驗，達到世界頂尖水準。
- **成本**。你將提高產品或服務的售價，又或者降低生產成本。
- **數量**。你將賣出、生產或提供更多產品或服務。

關鍵問題是：你選擇的要素，應該提升多少？你可以先問自己：如果提升20％，代價是什麼？如果提升20％太難了，可以提升15％嗎？提升的幅度必須夠大，以便你的績效顯著優於其他人，而且讓關心你績效的人可以注意到。衡量目標是否重大的一個好標準是：你應該有點擔心自己是否有能力達成目標。

表達

　　現在，你已經有了幾項重大、契合的承諾，你必須把它們簡潔地寫下來，告訴主管你承諾要做什麼。這聽起來或許很容易，但大多數的人做不到，寫出來的目標太冗長、複雜和含糊。我在《一頁人才管理》中，介紹了 SIMple 的目標概念，可以使目標設定變得較為輕鬆、專注。SIMple 的 SIM 代表：

- **明確（Specific）**：以一句話陳述自己的承諾，例如「在2月1日之前推出玉米脆片產品」、「縮短一號機器的週期時間20％」，或「提高私人客戶平均帳戶餘額10萬美元」。記住，每一句都是完整的目標陳述，下方不會列出10個子目標。

- **重要（Important）**：每一項承諾都應該幫助組織實現極重要的某項目標，不要納入瑣碎的目標或任務。如果你將自己的目標限制在三個之內，要確保每個目標對組織都重要就容易得多。

- **可測量（Measurable）**：你設定的目標，必須有辦法評估是已達成、超額達成，或未達成。量化目標最容易測量，但許多人投入的專案或工作，最好的衡量標準是產出的品質或接受度。在那些情況下，你可以根據顧客的看法、銷售情況、主

　　管的評估、是否準時、是否成功交貨等當作衡量
標準。

2＋2指導法

　　在設定了幾個契合的重大目標,好好寫下來之後,
你已經有很好的條件交出重大成果。如果你在努力的過
程中,得到明確的指導和坦誠的指正,你將更容易達成
目標。理想的指導分量類似手機發出的駕駛指示:在到
達必須轉彎的重要路口,或是在必須離開幹道之前,你
將獲得提醒。如果你走錯路,系統將引導你回到正確的
路線上。你並非不斷接收訊息,而是在最需要的時候,
獲得正確的指示。

　　你或許有一名擅長指導你提升績效的上司,她定時
檢視工作進度,提供明確的指示,並且在看到進展時鼓
勵你。如果不是這樣,你可以請求上司採用一種非常簡
單的指導方法。我創造了「2＋2指導法」,有助你定期
獲得明確、有益的意見,以改善績效。2＋2指導法提
供分量剛好的指導和指正,確保你可以如期達成目標。
主管可以輕鬆採用這個方法,不會使員工覺得受到威
脅。因為效果非常好,世界上一些最大的公司,也採用
了這個方法指導員工。

　　在2＋2指導法中,你要求你的主管每三個月花15

分鐘（只要你和你的主管同意，也可以延長時間），談
下列兩個話題：

- **針對你兌現承諾的進度，提供兩點意見。** 不是針
  對每項承諾提供兩點意見，而是針對全部三項
  承諾提供兩點意見。你的主管對你的工作表現，
  最重要的觀察或意見是什麼？她的意見可能是：
  「小詹，洗手乳新產品上市工作看來做得很好。
  我們目前的進度超前，專案團隊也告訴我，你是
  有力、鼓舞人心的主責。做得好！行銷策略方
  面，從工作進度看來，你似乎不是很重視，雖然
  這是你的三項承諾之一。我希望在30天內，看
  到行銷策略的草案。請告訴我，我可以如何幫助
  你完成這件事？」你的主管提供兩點意見，是為
  了確保你們兩人對你的進度看法一致。
- **提供兩點「前饋」（feedforward）意見，以幫助
  你改善表現或行為。** 我們常以為回饋（feedback）
  是改善表現的正確途徑，但簡單的「前饋」其實
  更有力，因為科學研究指出，我們的大腦往往排
  斥那些與我們的自我形象不一致的回饋。[7]前饋
  提供了完全相同的指示，但不含回顧式的批評。[8]
  舉個例子比較一下，回饋意見像這樣：「蘇西，妳
  上週在執行團隊會議上的報告太冗長了，以後可以簡潔

一點嗎？」已經過去的事無法改變，為了過去的事受到批評，可能使你沮喪不已，你也未必會改變行為。你的主管如果採用前饋法，她的意見會像這樣：「蘇西，執行團隊要求會議上的報告必須簡潔，請集中談最重要的幾點。因為妳正在準備下週的會議，請確保妳的報告先談關鍵事項，並且在10分鐘內完成。」前饋意見仍然提供了明確的指導，幫助當事人改善表現，但不會針對已經發生的事批評當事人。在步驟2〈堅持適當的行為〉中，你將學到更多提供前饋意見的技巧。

你可以建議你的主管採用2＋2指導法（參見本書附錄，取得延伸資源。）你也可以每季與你的主管開一次檢討會議，問他／她那些問題。

步驟1總結

高績效始於交出重大成果，而這有賴設定重大目標和坦率的指導。重大目標創造焦點和動力，指導確保你在邁向成功的路上，不會多走冤枉路。你必須認識到，你要為自己的工作表現負責。你的上司未必很懂得設定目標和提供指導，但這不應該阻礙你成為高績效人士。

你已經懂得設定正確的目標和有用的指導方案，因此也就走上了通往高績效的路。現在是時候進入步驟2，建立那些令高績效人士與眾不同的行為習慣。

你可能會遇到的潛在障礙

- **我的目標是主管設定的，我可以如何更好地控制這個過程**？主管替你設定目標也沒問題，你可以檢視那些目標，如果它們不符合少量、重大、契合的標準，又或者表達不符合 SIMple 標準，你可以向你的主管提出修改建議。

- **我的工作是例行性的，每天都做同樣的事。我可以如何設定目標，改善我的工作表現**？無論你做什麼工作，都可以設法改善成本、品質或速度。如果你負責分析工作並撰寫報告，你可以加快速度，或是提供更多具有價值的見解嗎？如果你是接待員，你可以列出你最常做的五件事，然後選一件你可以改善最多的事當作努力目標。無論你做什麼工作，都可以設法做得更好。

- **我的主管堅持要求我設定超過三個目標**。這並不罕見，他可能利用目標設定作為專案管理的方法之一。你應該告訴你的主管，你希望專注於最重要的事；告訴他你認為哪三個目標最重要，問他是否同意。即使你最後必須列出五個、八個、十個或更多目標，以配合公司的流程，你還是知道其中哪些目標最重要。

- **我的主管不是設定目標的專家。**大多數的經理人都不是，因為他們通常只是每年設定目標一次，而且不曾有人教他們設定目標的正確方法。你可以介紹他們看這本書，或者轉告設定目標的核心原則，並且讓他們知道附錄有更多延伸資源。

- **如果我的日常工作不在我的目標裡，我做好日常工作可以如何得到讚賞？**你做好日常工作，薪水就是對你的報答。設定目標是為了使你集中精力，完成日常工作以外的重要任務。

- **我的目標在一年裡經常改變，很難知道該致力於哪些事項。**雖然優先事項改變使你的工作焦點隨之改變不算罕見，但如果你的目標每一季都改變的話，那它們很可能是設得太低了。你應該檢視那些目標，看它們比較像重大承諾，還是一般活動。承諾不應該經常改變，即使兌現承諾的某些方法，有時必須改變。

- **如果我設定重大目標，然後未能達成，那將如何？**是否願意設定重大目標，決定了你是否可能成為高績效人士。高績效人士希望承擔適當的風險，證明自己的成就可以超出預期。有時你將無法達成目標，但假以時日，你將比同儕交出更多重大成果，成為公認的高績效人士。

✓ 關於設定目標，你應該記得這幾件事

確定的科研結果指出：

- 目標很重要，設定目標有助你改善表現。
- 少數幾項重大目標，有助你專注於真正重要的事，進而提升績效。
- 定期獲得前饋指導，確保自己方向正確。

你應該：

- 設定可以使你成為高績效人士的三項重大承諾。
- 從目標清單中清除戰術型活動，將它們轉移到專案計畫裡。
- 請你的主管定期利用2＋2指導法，確保你可以達成目標，成為高績效人士。

試用：

- 附錄中的目標設定表格。

堅持適當的行爲

有關哪些行為將使你成為高績效人士，坊間不乏無用資訊、「民間智慧」和粗略的忠告。最大的迷思之一，是良好的「領導行為」最重要。科學研究、實踐結果，以及矽谷兩名企業家的故事顯示，實情比較微妙。

好人創業家 vs. 世上最差的經理人

2000年，雅虎（Yahoo!）這家公司6歲大，市值1,250億美元，是全球最受歡迎的入口網站之一。1994年，史丹佛大學研究生楊致遠和大衛‧費羅（David Filo）創立雅虎，以便他們瀏覽自己喜歡的網站，而雅虎很快就成為許多人仰賴的入口網站。搜尋引擎市場競爭激烈，但雅虎的市場定位很好，人才和資金都充裕，大有希望在競爭中勝出。當時，Google才18個月大。

雅虎共同創辦人楊致遠，經常被描述為一個「好人」（nice guy）——他在被迫宣布公司首輪裁員時哭了出來，平時文靜溫和，對雅虎同事非常忠誠。被稱為「好人」本身完全沒問題，但外界說楊致遠是「好人」，往往是表達不屑而非讚賞之意。富豪企業家馬克‧庫班（Mark Cuban）在談到楊致遠不願強硬對付Google時表示：「他人太好，太關心別人了。有時像Google這樣的競爭者出現時，你必須變得刻薄、強硬。」[1]其他觀察家對楊致遠的作風，也有類似的評論。[2]

　　同樣是在2000年，蘋果電腦的復興如火如荼：軟糖形狀、色彩鮮豔的iMac非常暢銷，蘋果成為設計與科技業的一股重要力量。在公司創辦人和再度成為執行長的史蒂夫・賈伯斯（Steve Jobs）領導下，蘋果股價自iMac推出以來上漲逾300％，自賈伯斯1997年回巢以來，更是上漲了逾1,000％。此時，蘋果看來將大獲成功，但未來如何其實沒有人可以保證。2000年末，蘋果在產品定價上的一些錯誤，加上科技市場整體放緩，使公司三年來首次出現不賺錢的季度。

　　蘋果的員工覺得賈伯斯是個反復無常、要求嚴苛、喜愛辱罵和操縱人的領袖。他用髒話強調自己的看法，經常把員工罵到哭出來。替他寫傳記的華特・艾薩克森（Walter Isaacson）這麼說賈伯斯：「他不是溫暖體貼的人……他不是世上頂尖的經理人。事實上，他可能是世上最差的經理人之一。」[3]

　　十年後，賈伯斯領導的蘋果，從根本改變了人們與科技互動、聽音樂和獲取資訊的方式。他已然成為一名標誌性執行長，可說是他那個世代最重要的企業家。2018年，賈伯斯因為胰腺癌去世七年之後，蘋果公司市值超過9,000億美元，是全球市值最高的上市公司。

　　另一方面，楊致遠因為人太好而付出了代價。2008年一份討論雅虎前景的報告表示：「無論誰將成為雅虎

的新任執行長，他的任務都是炒人。具體而言，新任執
行長必須做一些艱難的決定 —— 楊致遠因為和公司關
係太密切，而且人太好，一直不願意做這些艱難的決
定。」雅虎董事會那一年解除了楊致遠的執行長職務，
他轉為擔任雅虎的顧問，直至 2012 年完全離開公司。
2008 年，微軟提出於高於市價 62％的價格收購雅虎，但
楊致遠拒絕了；這項決定後來使他廣遭嘲笑。2017 年，
Verizon 以 45 億美元收購了雅虎，這個價格僅為九年前
微軟開價的 10％，也僅為蘋果公司市值的 0.5％。[4]

在這兩名創業者的故事裡，我們很難證明楊致遠人
太好和賈伯斯為人苛刻，影響了他們公司的方向。但這
引出了一個常有人問的重要問題：人好不好，是否顯著
影響工作表現？科學研究指出，人好不是壞事，但如果
你表現得像典型的好人領袖，也不能保證你將會更成
功；而如果你為人進取、對人苛刻，也未必會損害工作
表現。

這個故事告訴我們什麼？

適當的行為幫助你脫穎而出，成為高績效人士，因
為它們證明你的能力並非僅止於完成任務。視你的角色
而定，行為決定你 15％至 40％的總績效。[5]企業也認為
行為很重要 —— 86％的公司在績效管理流程中測量員

工的行為，[6]這些行為未必真的顯著影響績效，但它們代表企業高層關注什麼。更重要的是，你可以假定每一名同事每天都在評估你的行為，並且根據他們的印象決定如何與你互動。他們怎麼看你的行為，是辦公室裡的八卦話題，影響你的表現、人脈和形象，最終影響你的成就。

　　高績效人士努力辨明最有成效的行為，必要時會學習新行為，並且停止展現無益的行為。辨明重要行為並不容易，因為數以千計的書籍、顧問、部落格和線上研討會，都宣稱可以告訴你成功人士的行為特徵。好消息是：有很好的科學研究告訴我們，哪些行為可以使你成為優秀的領導人，能夠激發變革或促成重大成果。困難在於，有助你做好某件事的行為，可能妨礙你做好另一件事。這就是為什麼通往高績效的步驟2，是了解自己現在的行為，以及未來需要哪些行為才能成功。

科研結果顯示

　　有關行為如何影響績效的科學研究指出，下列三點有助你成為高績效人士：

- **了解自己。**你知道自己典型的行為模式，也明白它們將如何影響你的工作表現。[7]
- **選擇正確的行為。**你知道哪些行為最可能使你成為高績效人士。[8]

- **迅速適應。**你知道如何快速、輕鬆地展現有助提升績效的行為。[9]

了解自己

你的性格如何引導你的行為,加上你選擇展現什麼行為,決定了你的行為模式。你的性格強烈影響了你的行為,但並不控制這些行為。隨著時間的推移,你學會展現某些行為,使你得以提升績效、成為更好的同事或上司,即使這些行為和你的核心性格不一致。人們在和你互動時,除了看到你出於本性的行為,也看到你有意識地選擇展現的行為(參見圖表2-1)。

如果你覺得這不易理解,你可以這麼想:性格就像你天生的頭髮。你頭髮的顏色和密度是天生的,也有其自然的形狀。一如性格,你天生的頭髮,約有50%遺傳自父母,而你頭髮的外觀一直受此影響。[10]不過,你長大之後,可能希望自己的頭髮,呈現某種不同的形狀、顏色或長度。你為此投入不少時間和精力,使自己的頭髮顯得與自然狀態不同。那仍是你的頭髮,但你選擇了向親友和同事展現一種風格化的樣貌。

這種風格化的樣貌,代表你希望其他人看到的形象;它不是自然的你。你清洗頭髮,去除髮膠或色劑之後，就恢復了你「真正」的樣貌。你的性格和行為也是這樣。性格到你接近20歲時已大致固定，將終身強烈引導你的行為模式。[11]但你可以選擇呈現某種形象，據此調整自己的行為。這正是為什麼性格心理學家聽到有人說「我無法改變，我就是這樣」時，會笑出來。

　　步驟2最重要的啟示，是你的行為由你控制。如果你開會時有點緊張，你可以多微笑，必要時提問，以了解其他人的觀點，同時避免太急於回應別人的評論。如果你在社交場合很害羞，你可以記住十個問題，以便見

圖表 2-1

別人怎麼看你

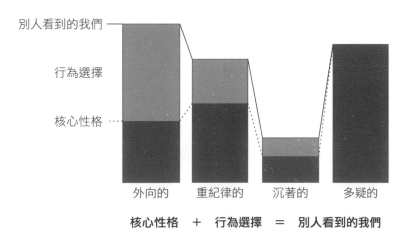

別人看到的我們

行為選擇

核心性格

外向的　重紀律的　沉著的　多疑的

核心性格　＋　行為選擇　＝　別人看到的我們

到人時有話可談，這樣可以使你顯得比較外向。這些行為或許不是真正的你會做的，但沒關係，重要的是你表現得像高績效人士，而非你的行為是自然而然的。在步驟6〈職場上，適時假裝一下是必要〉中，我們將討論你可以如何裝出適當的行為，以及為什麼有時候成功的假裝，比展現真我更重要。

高績效人士知道，性格中不同的部分以不同的方式影響行為。你不必成為性格專家，也可以成為高績效人士，但明白這個道理是有益的：性格可以分成五部分（通常稱為「五大部分」），其中某些部分對工作績效比較重要。這五大部分構成有關性格的科學研究基礎，相關結論經過徹底的檢驗。圖表2-2列出這五大部分，以及有關每一部分如何影響工作績效的科學研究結論。

由於性格顯著影響行為，你最好知道自己在五大部分每一部分的得分。如果你在某些部分得分偏低，那就意味著你必須持續比其他人更努力展現相關行為。你可以利用一項快速評估（參見圖表2-3），大致了解自己的性格特徵。有效、快速和徹底的性格評估工具（「十項性格量表」），各位可在本書的附錄中找到。

嚴謹性是影響工作績效最大的性格因素，影響力至少是其他單一因素的兩倍。如果你天生特別重視結果、自律、積極投入工作，那麼你會比那些必須努力避免分

圖表 2-2

你的5項性格因素

5大性格因素	該因素的典型行為表現*	對工作績效的重要性
嚴謹性	可靠、仔細、勤勞、堅忍、做事有條理、善於規劃	頗為重要，無論做什麼工作
情緒穩定性	沉著、穩定、自信、不焦慮、樂觀	有一點重要，無論做什麼工作
外向性	善於交際、合群、健談、自信、積極、有抱負	對銷售和客服工作略有幫助，對管理工作的影響不確定
親和性	有禮、靈活、合作、體諒、仁慈、寬容	對客服工作略有幫助，可能損害管理工作表現
經驗開放性	富想像力、有教養、好奇、富創造力、思想開明、藝術導向	不重要

*Robert Hogan, Gordon J. Curphy, and Joyce Hogan, "What We Know about Leadership: Effectiveness and Personality," *American Psychologist* 49, no. 6 (1994): 493.

圖表 2-3

5大性格因素評估

請檢視圖表2-2中間一欄各項性格因素的形容詞，在1至5分的範圍內替自己評分。

5分代表「我完全就是這樣」，1分代表「我完全不是這樣」。

嚴謹性	情緒穩定性	外向性	親和性	經驗開放性

心、強迫自己認真工作的人，更可能成為高績效人士。無論你做什麼工作，情緒穩定都略有幫助，原因很明顯——如果你是可預料、沉著的人，別人會比較願意和你互動。

其他性格因素可能看似應該有助提升工作績效。經驗開放性較高，不是應該有助你更有創意地思考，更能夠承擔風險，或是重視價值多樣性嗎？或許是，但沒有證據顯示這些東西可以造就較高的績效。你也可能認為較高的親和性，將使你成為人很好的經理人——確實是。但人很好的經理人，比較不可能與上司對抗、向工作團隊提供直接的意見回饋，或是針對人員和工作項目作出艱難的決定。

你最好能了解自身性格如何自然地將你引向特定方向。舉例來說，如果你嚴謹性不足，你可能必須擬定專案計畫、行事曆、工作清單，或是利用其他工具，幫助你專注於重要的任務。如果你親和性很高，你可能應該不時問一下其他人，以便了解自己是否逃避就人員和工作項目作出艱難決定。

選擇正確的行為

你現在已經知道性格如何影響你的行為，接下來就是了解哪些行為最有助提升績效。在此之前，我們先作一些基本假設：你應該行事合乎道德，為人誠實公正，不會對員工大吼大叫，不偷竊，不撒謊（至少是不撒大謊），不作弊。你可能認為，這是理所當然的行為底線，但想想多少人連這些基本要求都無法達到，你就明白為什麼我要先講這些。如果你違反這些基本要求，你永遠不可能是持久的高績效者，就是這樣。不良行為帶來的短暫成就，相對於作惡被逮、被解雇或入獄的羞恥，實在是微不足道。

確定了行為底線之後，來看科學研究帶給我們的好消息和壞消息。好消息是，研究確實告訴我們，哪些行為有助提升績效；壞消息是，重要的行為並非固定不變，而是取決於你如何定義績效。有關性格的科學研究告訴我們，某些行為在幾乎所有情況下，都可以造就較高的績效，例如專注於任務、決心完成工作、冷靜、自信等。但還有哪些行為是重要的？它們在何時重要？

行為選擇#1 轉型領導人模式　轉型領導（transformational leadership）模式下的行為經過徹底檢驗，已經充分證明可以造就高績效。轉型領導行為有助確保你專注於結果，獲得周遭的人的好評。[12]你可以確信轉型領導行為是有科學根據和正確的，因為在現實世界裡，已有數以百計的實驗研究、檢驗和確認了這個模式。

不要被「轉型領導」的名稱給迷惑了，你不必真的

改變某些東西，或是成為一名領導人，也可以選擇轉型
領導行為。奉行這種行為的人，其團隊的積極性、滿意
度和他們自身的領導效能，幾乎總是高於奉行其他領導
行為模式的人。[13] 即使你並不負責人員管理的工作，轉
型領導行為仍然適用。向同儕和上司展現這些行為，可
以獲得同樣的好處。

　　轉型領導人有四件事做得好：[14]

- **建立連結**：展現對員工的真誠關心；能與員工個
  別聯繫，即使他們並非直屬部屬。
- **創新**：促使團隊創造新的解決方案和承擔風險。
- **激勵**：提出令人信服的願景，鼓勵員工保持較高
  的績效水準。
- **以身作則**：始終如一地按照自己提出的願景和替
  其他人設定的目標行事。

　　除了已經通過時間考驗，轉型領導行為不怎麼受個
人核心性格影響，因此沒有人天生比你更有條件成為轉
型領導人。[15]

　　如果你必須拉著其他人與你前進，轉型領導是很好
的模式。但如果你必須推動他們向前，或許就應該考慮
成為績效驅動者。

　　行為選擇#2績效驅動者模式　如果你在一家由私募
股權或創投本業者擁有的公司擔任執行長，你便處於

講求績效的最大壓力位置。私募股權或創投業者已投入資金取得公司的控制權，它們希望迅速賺大錢。我們可以公平地說，在這種公司擔任執行長的人，比在其他處境下的幾乎所有領導人，都持續承受著更大的績效壓力。

　　一項研究根據30個或許有助提升績效的行為特徵，評估爭取出任前述類型公司執行長的316名應徵者，揭露了在那種高績效壓力環境下的有效行為。這項研究發現，那30個行為特徵自然分為兩類：一般能力，包括進取、堅持、積極等，以及人際往來能力，包括團隊精神、願意接受批評等。簡而言之，一個類別關乎完成任務的能力，另一個類別關乎與其他人有效合作的能力（參見圖表2-4）。

圖表 2-4

績效驅動型執行長展現哪些行為？

一般能力（重要）	人際往來能力（不重要）
快速	尊重人
進取	願意接受批評
堅毅	善於聆聽
高效	團隊合作精神
積極	
高標準	

　　在這項研究中,執行長應徵者在每個類別,都可以獲得高分或低分,這些類別因此並不互相排斥。研究者檢視那些出任執行長的應徵者的公司表現,發現最成功的執行長,具有很強的一般能力,以及顯著較弱的人際往來能力。沒錯,一如許多人的刻板印象,非常進取、努力工作但軟性能力並不特別強的執行長,績效最好。[16]

　　有趣的是,一般能力類別中的行為,很像構成嚴謹性這項性格因素的行為,而科學研究已經證實這些行為有助提升績效。人際往來能力類別中的行為,則是很像性格因素經驗開放性和親和性的相關行為,而那些行為通常與工作績效沒什麼關係。

　　這項研究發現並不代表你的行為可以像個混蛋,但它顯示,通往高績效有多條不同路徑。重點是,這項研究著眼於執行長,他們身處組織最高層,很可能不大關心是否與其他人相處愉快,但非常在乎完成任務。他們知道,他們不會因為在公司當個優秀的領導人,而獲得私募股權老闆的讚賞;因此,「老闆測量什麼,大家就做什麼」,也就是很自然的事。如果你目前還不是身處組織最高層,我認為高強的一般能力和人際往來能力,對你成為高績效人士都是必要的。

迅速適應

　　如果行為是你取得高績效的祕密武器，那麼第一步就是了解你的裝備有多好。你的行為是否符合你喜歡的模式？你是否有一些行為，可能令你脫軌、失控？高績效人士想要知道答案，即使真相可能令人感到痛苦。本書附錄中的「十項性格量表」，可以幫助你更加了解你的自然傾向。更重要的是，你的老闆、同事和直屬部屬怎麼看你的行為，你應該重視他們的觀感，因為你是否被視為高績效人士，取決於其他人而非你自己的看法。

　　你應該重視別人觀感的另一項原因，是你對自身表現和行為的看法，可能是最不準確的。我們周遭的人看我們，往往比我們看自己更準。這是因為關於自身的能力和行為，我們很善於自欺；而且我們的能力愈差，就愈善於自欺。現實中甚至有「鄧寧－克魯格效應」（Dunning-Kruger effect）這種現象：最無能的人，最不知道自己無能；他們甚至比相對聰明的同儕，更確信自己的見解是正確的。[17]

　　了解其他人對我們的觀感有兩種方法 —— 直接問他們，或是間接問他們。

　　直接問。 直接問別人怎麼看我們的表現和行為，其實沒有想像中那麼可怕。首先，你應該端正心態，明白人人都有改善餘地這個道理。你諮詢的人也有某些方面有待改善，你只是積極了解自己哪裡需要改進而已。

你直接問人，是希望得到一兩個建議，有效改善自己的行為，而不是想要得到有關自身表現的全面評估。下列是暢銷書《UP學》作者葛史密斯提供的一個簡單方法。

這個名為「前饋」（feedforward）的方法，可以使其他人自在地向你提供改善建議，而你也能夠自在地接受建議。[18] 在前饋法中，你請教你信任的幾個人，問他們你將來可以如何成為高績效人士。這可以非常簡單，你可以說：「嗨，瑪莉，我最近看了《高績效人士都在做的8件事》這本新書。它說你應該請教一些熟人，請他們提供一個建議，幫助你未來可以表現得更好。這不是有關以往表現的回饋，而是一個建議，有關我應該開始、停止或繼續做什麼，未來才能夠表現得更好。妳可以提供一個建議給我，幫助我成為高績效人士嗎？」

為了取得最佳效果，你應該：

- **請教你很熟的人。**問那些相對了解你，也能夠自在與你分享想法的人。他們可能是你關係密切的同事、直屬部屬、上司，或任何與你共事得夠久、了解你的優缺點的人。
- **避免冒昧提問。**你可以在與他們喝咖啡時，或是

在其他適當的場合詢問他們。你也可以寄email
解釋你提問的原因，以及你得到答案之後將怎麼
做。不要忽然把頭伸進他們的隔間或辦公室裡，
唐突要求他們分享見解。

- **跟進**。你不必將收到的每一項建議付諸實行，但
很可能有若干建議值得嘗試。如果你試行並取得
很好的效果，應該將這件事告訴提供意見的人，
感謝他們的幫忙。如此一來，他們未來將會更樂
意與你分享見解，幫助你進一步改善表現；一個
良性循環，可能就此產生。

間接問。如果直接問對你來說太可怕或太困難，你
可以利用「360度評估」（360-degree assessment）這種間
接方法獲得類似意見。在典型的360度評估中，你的主
管、某些同事和直屬部屬（可能還有另外一些人），會
評價你的某些行為。他們可能會給你好評價或壞評價，
也可能評估你展現這些行為的頻率。他們可能會提供前
述的前饋意見。他們的評論將匿名化綜合成一份報告，
概括他們對你的評價，也可能拿你的得分與一些參照基
準作比較。

當你拿到報告時，應謹記我們每個人在某些方面都
有改善空間。無論報告說什麼，你都不應該覺得尷尬，
因為你現在知道了事實，可以決定自己想要改變什麼行

為。如果你想成為高績效人士，現在就獲得這些洞見，遠優於等到事業或績效停滯時才知道。此外，與你共事的人告訴你：「這些事情限制你成為高績效人士的能力。」你可以選擇接受或忽略他們的意見，但如果你希望自己的績效接近理論上的極限，應該如何選擇顯而易見。

下一步將決定你是否真的可以進步，它可能既困難又令人難為情，在做這一步之前，你應該謹記這一點：你周遭每個人都已經了解你的表現，而且希望你改變某些行為。他們已經提供了具體的改善建議，如果你忽略他們的意見，你覺得他們對你的印象將會變好還是變壞？

為了展現你的決心，你應該設法與你邀請提供回饋的每個人（他們是否真的參與評估並不重要）單獨會面，或是逐一致電他們。你邀請他們會面時，告訴他們你希望利用此次會面，分享你的行動計畫並尋求他們的建議。見面時，你應該說明：

- **你做了什麼。**「最近，我替自己安排了一次360度評估，希望有助確保我可以成為高績效者。我不知道誰真的參與了這次評估，因此我希望與我邀請參與評估的每個人見面，分享我的行動方案，同時了解你們可能想提供的額外意見。」
- **你得到什麼訊息。**「360度評估報告，提供了許多有用的資訊，讓我知道自己哪裡做得好，哪裡

需要改善。我很高興知道大家認為〔講出報告
裡兩三項正面評價〕。我也知道大家希望我改善
〔講出報告裡的兩三項改善建議〕。」

- **你打算怎麼做**。「根據這些資訊，我擬訂了一套
  改善自身表現的行動計畫。我希望和你分享，並
  了解你或許想給我的其他建議。」（簡述你打算
  做的兩三件事。）

- **問對方有何建議**。「對於我希望改善的地方，你
  是否有其他建議？」（無論他們提出什麼建議，
  都不要和他們爭論，不要批評或否定，必要時提
  問，以明白他們的建議。）

聽完意見之後，你只需要說謝謝。

你應該問你的主管或人資同事，了解你們公司是否
提供 360 度評估，以及如何參加。如果你在規模較小、
沒有人資部門的公司工作，請參考本書附錄提供的資源。

哪些行為可能傷害你？

我們在討論行為時，既關心有助你提升績效的行
為，也關心可能會損害你的績效的行為。想像一下，在
你職業生涯剛起步時，有人對你說：「我現在可以精確
告訴你，你未來將如何損害自己的工作表現 —— 不僅
是未來一年，而是未來十年、二十年和三十年。而且我

可以告訴你，如何避免犯下那些錯誤。」你難道不想聽聽看那個人說些什麼嗎？

本書最有力的洞見之一就是：哪些行為將損害你的工作表現是可預料的，這些洞見保證有助你提升績效。掌握了這些資訊之後，你就可以避免展現可能會損害你事業成就的行為。

你知道，某些行為很可能帶給你一定的績效優勢，但如果這些行為太常出現、做過了頭，它們就可能損害你的工作績效。當發生這種情況時，這些行為就成了「脫軌行為」（derailers）。脫軌行為就像你未經處理、自然狀態的頭髮──蓬鬆、凌亂，可能還有點嚇人。只要你忘了展現你選擇展現的作風，你的脫軌行為就可能會出現。這種情況最可能發生在當你疲累、在朋友面前放鬆戒備，或是感受到顯著的壓力時。

這些脫軌行為以往可能對你大有幫助，如今卻成為一種包袱，令你難以前進。想像一下，有一名頑強的行銷女主管，設計出極有創意的行銷計畫，在一種「男孩俱樂部」的環境下，積極推廣她的構想，結果在公司內部快速晉升。她理所當然相信自己有很好的構想，總是做好準備，替自己的想法辯護。但在她升至公司行銷總監之後，原本的優點卻變成效果截然不同的脫軌行為。因為對自己的構想非常自豪，她往往以自己喜歡的想法凌駕她的團隊，這削弱了團隊成員創新和承擔風險的動機。她強力倡導的作風，使她成為一名領袖，但如今在公司高層一些成員看來，卻成了自我防禦和不願妥協的表現。

再想像一名供應鏈主管在公司建立了很好的關係，他的上司和公司裡的其他高層都很喜歡他。他有極佳的政治直覺，成功的原因之一是他很善於管理與上層的關係。因為他很重視與高層的關係，當他遭受壓力時往往猶豫不決，又或者會做出一些他知道老闆應該會喜歡的決定。這導致他的團隊成員覺得，他在緊要關頭時並不支持他們，他不願意承擔風險，因為他不想要自己或老闆沒面子，但不願意承擔風險，很快將導致他的事業難有進步。

那些行為之所以稱為脫軌行為，原因顯而易見：如果你太常展現這些行為，你的事業發展將脫軌失控。每個人都有自己的脫軌行為，包括高績效人士，因此成功的祕訣就是認清自己有哪些脫軌行為，努力使它們保持受控。這也是你在規劃自己的發展時，不應該聚焦於自身優點的一個關鍵原因；如果你過度重視自己的優點，它們可能會變成脫軌行為。

根據性格分析大師羅伯特・霍根（Robert Hogan）與其公司霍根測評系統（Hogan Assessment Systems）的

研究，我們的行為可能以11種不同的方式，損害我們的工作績效（參見圖表2-5）。霍根替本書的讀者，專門設計了一個快速、簡單的脫軌行為評估法。你可以利用這個方法增進你對自身潛在脫軌行為的了解，並且認清不糾正這些行為的後果（參見圖表2-6）。

你可以按照圖表2-6的指示，粗略了解自己潛在的脫軌行為，並且參考圖表2-5，了解每一種脫軌行為的後果。

為了避免出現脫軌行為，你必須認清自己最可能出現哪些脫軌行為，設法防止自己展現這些行為。你可以利用回饋或前饋法，找出自己最常出現哪些脫軌行為。本書附錄提供更多工具，幫助你更精確辨明和消除自己的脫軌行為。

你們公司重視哪些行為？

我們討論了兩種重要的行為模式，但許多公司有自己的模式（領導模式、價值觀模式）；它們利用這些模式評價你的表現、規劃你的發展，或評估你的能力。你們公司利用自身模式告訴員工，某些行為比其他行為更重要，你應該重視這些行為，因為你們公司重視，但你也應該謹記下列這兩個問題：

- **這些行為對你的最終成就有多重要？**只是因為公

圖表 2-5

11 種脫軌行為

激動：對人和工作專案過度熱情，同時很容易轉為失望。
  ・後果：顯得欠缺耐性或毅力。

多疑：具有社交洞察力，但容易憤世、偏激，對批評過度敏感。
  ・後果：顯得很難相信人。

謹慎：過度擔心受到批評。
  ・後果：顯得抗拒變化、不願冒險。

冷漠：對其他人的感受欠缺興趣或意識。
  ・後果：顯得不善於溝通。

散漫：獨立，忽視別人的要求，在別人堅持要求時，變得易怒。
  ・後果：顯得頑固、拖拉、不合作。

厚顏：高估自己的能力和價值。
  ・後果：顯得無法承認錯誤或吸取經驗教訓。

調皮：魅力非凡，勇於冒險，追求刺激。
  ・後果：顯得難以兌現承諾和吸取經驗教訓。

愛現：舉止誇張，渴望引人注意。
  ・後果：顯得一心引人注意，可能欠缺持久的專注力。

愛想像：思考和行為方式有趣、奇特，甚至古怪。
  ・後果：顯得富有創意，但判斷力可能不足。

勤奮：認真、負責，追求完美，難以取悅。
  ・後果：往往使員工變得無力。

恭順：渴望取悅他人，不願獨立行事。
  ・後果：往往表現得開朗隨和，但不願意支持部屬。

資料來源：Hogan Assessment Systems, Hogan Developmental Survey, 2009。

圖表 2-6

脫軌行為小評估

指示：請閱讀下列陳述，如果覺得自己大致上如此，在旁邊寫「是」，否則寫「否」。

1. 激動：我常因為對工作專案感到沮喪而決定放棄。
2. 多疑：我知道誰是我的敵人。
3. 謹慎：我奉行「安全好過後悔」的原則。
4. 冷漠：我喜歡讓人猜測我的意圖。
5. 散漫：我比我的老闆聰明。
6. 厚顏：總有一天，人們會欣賞我的才能。
7. 愛現：我喜歡成為派對上的主角。
8. 調皮：我可以說服其他人做幾乎任何事。
9. 愛想像：其他人常對我的創意感到驚訝。
10. 勤奮：我傾向追求完美。
11. 恭順：我以身為良好的組織公民為榮。

評分：如果你的答案為「是」，你很可能至少將不時向其他人展現這種脫軌行為。

資料來源：羅伯特・霍根博士，特別為本書設計，版權為霍根測評系統所有，未經明確許可，不得使用。

司聲稱重視某個行為模式，並將它納入你的績效評估，並不代表它真的影響你的事業成就。你最重視的行為，應該是那些影響你的薪酬、你的績效評等、你在公司裡發展事業的能力的行為。認清這一點最簡單的方法，就是看看公司的績效管理、人才評估或接班規劃流程考慮了哪些行為。

- **哪些行為最重要？**另一種可能是：在你們公司的行為模式裡，若干行為比其他行為重要。找出答案的最好方法，就是問你上司此類問題：這個模式裡哪三項行為最重要？執行長最關心哪些行為？這裡的高潛力主管，最常向你展現哪些行為？你的目標是了解自己應該集中精力做什麼。記住，你獲得擢升，是因為你績效出眾，而且在公司最重視的行為上表現出色。

步驟2總結

　　了解哪些行為造就高績效，並且展現那些行為，可能看似艱難。畢竟你的直屬部屬、同儕和老闆希望你展現的行為，有數百種可能。但你可以放輕鬆一點，你只需要做好三件事：（1）了解自己天生的行為傾向，以及人們對你現今行為表現的看法；（2）辨明對你事業成功最重要的若干行為；（3）擬定一套行動計畫，迅速適應那些行為。

完成步驟1〈設定大目標〉和步驟2〈堅持適當的行為〉之後,你已經可以交出重大成果,並且展現高績效人士的行為。這是高績效的核心,但不能保證你事業成功。你必須培養和增強重要的能力,以便能與希望超越你的人競爭。步驟3〈保持快速的自我成長〉告訴你應該怎麼做。

你可能會遇到的潛在障礙

- **我們公司沒有特定的行為模式,我應該依據什麼來引導我的行為**?你可以問你的主管,哪三項行為將使你成為高績效人士,或者試著採用本章闡述的轉型領導人模式或績效驅動者模式。

- **有關哪些行為重要,我主管說的和公司說的不同,我應該相信誰**?如果公司的行為模式被用來決定你的績效評等、協助你成長,或者評估是否拔擢你,該模式就是你應該奉行的。否則你應該詢問幾位你信任而且了解公司文化的同事,問他們是否同意你主管所講的正是真正重要的行為。你的主管可能掌握了成功的祕訣,也可能只是擁有強烈的是非觀念。

- **行為在我們公司不重要,很多人行為不端,我們**

的績效管理或接班規劃流程並不考慮行為。公司的運作流程並不明確考慮行為，並不代表行為真的不重要。有關哪些行為最重要，你們公司的文化會釋放出強烈的訊號，你可以請教你的主管和你認為績效出色的幾個人，看他們對公司裡高績效者的行為有何看法。

你認為行為不端的人，有可能正在交出極重要的成果，所以公司願意暫時容忍他們的某些行為。也有可能其他人看到的行為和你看到的不同，又或者公司明天就會炒掉那個人。你的最佳策略，就是了解哪些行為對你的績效最重要，並且展現那些行為。

- **公司模式裡的行為和我的價值觀有所衝突。**如果遇到這種罕見的情況，也就是公司希望你展現的行為，和你個人的價值觀根本不同，你不難作出抉擇。除非你是執行長，你對那些行為不會有什麼影響力，因此你可以選擇適應公司的要求，又或者找一個價值觀和你較為契合的新雇主。

- **公司來了一位新的執行長（或區域總監），要求的行為和上一任執行長的不同。**在你的職業生涯裡，你會遇到許多上司，他們對於何謂「正確」的行為，也會有許多不同的看法。希望他們的行為不會在根本上完全不同，以致你在行為上受到鞭撻。只要他們的行為與公司要求的相對一致，你應該設法適應。

- **我可以如何修正我的脫軌行為？**脫軌行為是你核心性格的一部分，你無法完全擺脫，但你可以學會認清並控制它們。比方說，如果你知道，你的脫軌行為之一是多疑，這可能導致你動輒質疑別人提出的事實、懷疑別人的真正意圖，予人憤世的印象。

　　如果你出席某場會議，有人提出你不同意的分析，你的自然傾向是立即質疑對方的分析能力或提出的事實。如果你了解自己的這種脫軌行為，你在聽到你認為不正確的事實時，可以說：「可以請你說明一下，你為什麼選擇這些資料來源，以及你怎麼做分析的嗎？」又或者：「利用同樣的資料，你是否可能得出其他結論？」

- **我並不同樣重視每個人的意見，我有必要詢問每個人怎麼看我的行為嗎？**答案是不必要。你比較可能採納你尊重的人提供的意見，你應該避免的是：只選擇那些所見略同的人為你提供回饋或前饋意見，結果錯失了有助你成為高績效人士的洞見。

✓ 關於職場行為，你應該記得這幾件事

確定的科研結果指出：

- 你的性格決定了你的基本行為，但這不是任性的藉口，因為你的行為還是由你控制。
- 你可以預料哪些行為，可能導致你的事業脫軌失控，並且從今天開始糾正這些行為。
- 有些人天生的性格特徵，使他們在某些情況下，占有自然的績效優勢。

你應該：

- 了解自己的基本性格和天生的行為傾向。
- 辨明哪些行為對你在當前環境下事業成功最重要，並且列出有助你改善這些行為的三項活動。
- 了解自己的脫軌行為，擬定計畫認清它們可能在何時出現，設法有效控制這些脫軌行為。

試用：

- 十項性格量表（參見附錄）。
- 脫軌行為小評估（圖表2-6）。

保持快速的
自我成長

2010年9月，富豪企業家、PayPal共同創辦人彼得・提爾（Peter Thiel）說了一番話，中產階級家長連忙摀住他們孩子的耳朵，常春藤名校高層則驚恐不已。提爾表示，聰明的孩子上大學可能沒有好處；他質疑正規高等教育的根本價值。接著，他以行動支持他的評論，宣布成立提爾獎助金（Thiel Fellowship），為成功申請的學生提供10萬美元、為期兩年的補助，幫助這些選擇不上大學的年輕人，追逐他們的事業理想。[1]

提爾獎助金每年的甄選過程極其嚴格，只選出20至25個人接受補助，申請成功率低於1％。[2]相對之下，哈佛大學四年的大學生課程費用超過25萬美元，每年約5％的申請人成功入學。[3]提爾獎助金得主可以自由投入自己的事業大計，無論那是創建下一家Google、進行科學研究，還是創造一場社會運動。他們可以獲得指導、人脈支援，以及非常寶貴的「提爾獎助金得主」身分。

提爾的宣布震動了高等教育官僚，前哈佛大學校長賴瑞・桑默斯（Larry Summers）表示：「我認為這十年來最錯誤的慈善活動，是彼得・提爾賄賂年輕人，鼓勵他們不上大學的那個特別計畫。」[4]反對提爾做法的理由是：成功的大學輟學生，如微軟創辦人比爾・蓋茲（Bill Gates）和臉書創辦人馬克・祖克柏（Mark

step3
保持快速的自我成長　101

Zuckerberg）是例外，而非常態。批評者表示，其他年
輕人若做同樣的事，很可能有害無益，而數據顯示，沒
有大學學位的人的平均年收入，比上了四年大學、取得
學位的人低了2.4萬美元。[5]

　　對希望成為高績效者的人來說，提爾和桑默斯的爭
論，引出了一個有趣的問題：個人成長最快、最可靠的
方法是什麼？

自我成長的重要性

　　每天，你都與你公司或產業裡希望成為高績效者的
每一個人競爭。如果你比他們更快掌握更多能力，你現
在就可以比他們表現得更好，也將獲得更多機會，在未
來展現出色的表現。那些機會將進一步增強你的技能，
使你獲得更多新的學習機會，形成一種良性循環。如果
你有效應用新掌握的知識或技能，你將比同儕晉升得更
快，這是迅速逼近個人理論上最佳績效的一種理想方法。

　　此外，企業高層多數明白，優質人才可以帶來更好
的經營績效。他們將找出這些稀有的人才，提供很好的
薪酬，給他們更多機會繼續發展事業。隨著你愈來愈成
熟，你將得到更好的工作選擇，口袋裡也將有更多錢。
你一旦停止增強自己的能力，相對於努力自強的人，
就會喪失競爭優勢。這正是為什麼通往高績效的步驟3

是：保持快速的自我成長。

掌握70/20/10法則

　　有關自我成長，好消息是成長多少和多快，很大程度上是你可以控制的。你在適當的領域成長愈多，愈有可能成為高績效人士。成長賦予你更多智慧結晶──你的大腦將累積更多有用的內容，賦予你可以用來交出更好成績的更多事實、洞見和觀察。

　　有關我們如何成長，研究結論是明確的。你只需要記住「70/20/10法則」。這項法則指出，你事業上的成長，約70%來自你的工作經驗，20%來自你與其他人的互動，10%來自正規教育（參見圖表3-1）。70/20/10的比

圖表 3-1

個人如何成長

活動	功用
70%有意義、具挑戰性的實踐經驗	考驗並增強你的能力
20%指導、觀察和回饋	為如何改善工作表現和行為提供指導
10%正規教育（上課）	提供結構化的技能、框架和觀念學習

率，也反映了許多成功的領導人建立個人事業的過程。[6]

　　這種比率也符合直覺，因為如果正規教育所占的比例大得多，你將花大量時間在學校學習，而且不怎麼重視實踐。如果與人互動、接收回饋所占的比例大得多，你將花很多時間了解自己做錯了什麼，結果不夠時間在實踐中爭取進步。70％的成長源自實踐經驗，僅10％源自正規教育，這可能正是提爾認為聰明的年輕人應該專注於累積經驗，而不是花四年時間取得大學學位的原因之一。

　　有些人認為，70／20／10的比率低估了正規教育的價值，因為它僅貢獻事業成長的10％。我對此的回應是：我很高興我的私人醫師上了四年醫學院學醫，但他之所以成為優秀的醫師，是拜他隨後二十年的實踐經驗所賜。當然，我並不是說，正規教育不重要。但你應該想想哪些槓桿，將最快使你成為高績效人士。看起來對事業成功至關緊要的教育，事實上往往沒那麼重要。《財星》百大公司（*Fortune* 100）的執行長，僅39位擁有企管碩士學位（MBA），而且當中很多人並非從頂級學校取得他們的MBA。[7]

啓動良性循環，加速你的個人成長

　　成長可視為一種循環──做事、獲得回饋、做得更好（參見圖表3-2的學習循環）。你愈快、愈頻繁地經歷這個循環，你將愈快獲得新的機會，學習新技能、測試新行為和獲得更多有用的回饋。你經歷的每一個週期，都應該可以增強你的能力和競爭力。

　　為了加快成長，你必須了解哪些個人發展活動最重要，並盡快大量從事這些活動。極少人會如此有目的、有紀律地管理自己的事業發展。你必須非常清楚自己的發展旅程以哪裡為目的地 —— 這顯然是必要的，但許多人的發展計畫卻少了這項內容。加快成長的三個步驟是：

　　1. 確定自己的「從／到」（from/to）。

　　2. 獲得相關經驗，建立個人經驗圖。

　　3. 針對自己的能力和行為，取得回饋和前饋意見。

圖表 3-2

學習循環

1. 確定自己的「從／到」

　　如果你想利用 Google 地圖獲得駕駛指示，Google 會要求你提供兩項資料 —— 你目前的位置，以及你想去的位置。你輸入的資料愈精確，愈可以確信自己將會順利到達想去的地方。如果你輸入「美國東岸」作為當前位置和「美國西岸」作為目的地，你或許可以掌握正確的方向，但你不知道自己確切要去哪裡，以及何時才能到達。

　　如果你輸入從「紐約中央車站」到「聖塔莫尼卡碼頭」，你將知道具體的路線、如何辨識是否已經到達，以及如何追蹤進度。個人成長也完全應該是這樣，必須釐清你目前的位置和想去的地方。多數人因為不清楚自己的發展路徑，結果拖慢了自己的成長。

　　無論你是採用公司的個人發展流程，還是自行設計了一套發展計畫，對於你的起點和目的地，你都必須力求精確，同時不留情面地誠實。這一切始於我同事金姆・山利（Jim Shanley）稱為「從／到」的框架，它可以幫助你確切了解其他人目前對你的觀感，以及你未來希望予人的觀感。「從／到」是兩句簡短的陳述：一句講述你當前的狀態，另一句講述你的下一個重要目的地（並非你的最終目的地）。這兩句話都應該是直接、誠實和具體的，閱讀自己的「從／到」陳述，你應該清楚知道接下來要如何發展自己。

下列是一些寫得非常好的「從／到」陳述：

- **從**：藉由技術專長和嚴格奉行他人指示貢獻價值的個人貢獻者。

  到：制定明確策略、透過小團隊創造成果的領袖。

- **從**：靠本能做決定、靠關係獲得成果的轉型行銷領導人。

  到：一名全面的執行長，採用基於事實的決策方式，具有及時做艱難決定的骨氣。

- **從**：一名商業策略師，可能顯得冷漠和看不起智力較弱的人。

  到：一名總經理，利用人脈協調、激勵負責區域，展現出對人的真誠關懷。

這些陳述都清楚、直接說明了當事人目前的狀況，以及他們必須努力達成的發展目標。它們率直的程度，可能令你感到驚訝，尤其是第三組。如果你希望自己的發展計畫準確切合自身需求，你的「從／到」陳述也必須如此明確，雖然這並不容易。如果這些陳述含糊其辭，你的起點和目的地也就不明確。前述三組「從／到」陳述，都是成功的企業高層提供的真實例子，他們釐清了自己的發展需求之後，在事業上取得了巨大進展。其中兩人如今是執行長 —— 一位掌控一家年營業額100億美元的零售集團，另一位管理一家專業眼鏡公司。

　　在獲得其他人提供的意見之後，你將能擬出準確的「從／到」陳述。科學研究明確指出，與我們共事的每一個人看我們，都比我們看自己更準確；我們的個人成長因此應該以他們的見解為指引。如果你認為自己是高績效人士，這一點就特別重要，因為你比較可能相信你現在的技能和行為，將能使你持續成功。這種想法漠視了葛史密斯的忠告，他的暢銷書提醒讀者，造就你當前成就的條件，無法使你更上層樓。[8]

　　擬定「從／到」陳述時，你應該重視的是公司高層主管的看法，因為你在組織裡的發展，取決於他們（而非你的同儕或部屬）的意見。為了獲得他們的指導，你必須：

- **決定詢問誰**。除了你的直屬主管，你應該找兩至三位其他高層主管；你必須曾與他們共事，又或者他們了解你的表現。
- **請求他們提供意見**。向他們介紹「從／到」的概念，將前述三組「從／到」陳述的例子寄給他們看，請求他們想想，你應該設定怎樣的「從／到」。告訴他們，只需要花幾分鐘的時間，但他們的意見對你將極有價值。請他們務必不留情面地誠實，因為他們坦誠相告，有助你加快成長。
你可以和他們見面，親自聽他們的見解；如果他
們不想見面，也可以用電子郵件提供意見。這些
主管不必是你所屬職能方面的專家，但如果有人
是，對你應該有幫助。他們只需要對你夠了解，
可以告訴你要在組織裡成功發展事業，你還需要
什麼。

- **擬定你的「從／到」陳述。**利用那些主管提供的
意見，創造你自己最終的「從／到」陳述。他們
的意見哪個看來最率直，使你覺得最不舒服？誰
提出的「到」距離目前夠遠，足以成為有意義、
有難度的目標？你最信任誰的意見？利用那些主
管的意見作為原料，試著寫出幾組不同的「從／
到」陳述。詢問那些主管或你信任的若干同事有
何看法，決定你自己最終的「從／到」陳述。

你的「從／到」陳述，釐清了你的成長旅程，接下
來你應該專注於盡快到達目的地。

2. 獲得相關經驗，建立個人經驗圖

根據70／20／10法則，經驗是加快個人發展最重要
的因素，你應該時常問自己：「接下來什麼經驗，可以
使我的事業以最快的速度，往正確的方向發展？」無論

你是在前線煎漢堡排，還是在當公司的執行長，你在個人事業的任何階段思考這個問題，都是有益的。成為高績效人士的關鍵在於：盡快累積大量的優質成功經驗。

你針對有意義的挑戰交出優質結果，得到的就是經驗。你可能必須利用許多不同的技能和行為來交出那樣的成果，你得到的經驗，是拜你結合這一切交出成果的能力所賜。例如，「替新業務線創造行銷策略」是一項經驗；你可能必須分析當前的市場滲透率，圍繞著某個明確的願景，激勵一個新團隊完成這項工作，但這些是任務和行為，不是經驗。

經驗是你最重要的個人發展工具，你因此會想知道什麼經驗有助你的事業發展；更重要的是，哪些經驗可以最有效縮小你的「從／到」差距。你應該以定期更新的個人經驗圖，作為你的事業發展指引。

個人經驗圖顯示，未來三至七年，你希望累積哪些經驗，來加快自己的事業發展。它是一份實用的計畫文件，描述你將如何創造出最高績效的你，而「生產」是你應該抱持的心態。一如製造商精心計畫如何生產產品——確定產品規格、必要的製造步驟、如何維持生產，你的經驗圖是你個人的生產計畫。每一項經驗，都將幫助你「生產」出一個更有能力、更有信心、績效出色的你。

　　兩類經驗可以加快你的發展 —— 職能經驗和管理經驗（參見圖表3-3）。職能經驗幫助你在某個職能領域表現出色，例如行銷、供應鏈管理、研發等。它們使你得以證明，你在自己的專業領域能力高強。管理經驗幫助你證明自己，你可以在各種不同的困難處境下做好工作或管理好團隊。你不但是某地區出色的行銷人，還證明了你可以在換了新團隊、換了工作地區和必須扭轉困境的情況下，有效領導行銷工作。你成功累積了這些具挑戰性的經驗之後，就是向公司證明了自己是個多才多藝的領導人，值得公司提供機會，讓你出任更重要的職位。

　　現在，你可以藉由下列步驟，創造你的個人經驗圖。

　　訪問所屬領域專家。 在你所屬的職能領域，頂尖

圖表 3-3

兩種類型的經驗

職能經驗	×	管理經驗	=	更快的成長
你在某個職能領域表現出色，例如財務、供應鏈管理、綜合管理或行銷。		你在不同的管理、領導和區域挑戰下，均能交出成果。		

10％的人才素質如何？你所屬領域的頂尖人才，可以幫助你了解哪些經驗可以使你躋身前10％，成為一位專家。你應該訪問那些業界領袖，了解哪些經驗可以使你在你的職能領域出類拔萃。這些訪問將賦予你建立個人經驗圖的原料。

- **找出頂尖專家。** 你最好可以訪問所屬領域的頂尖人才，而非只是你們公司或國家裡的頂尖人才。如果你想成為一名財務長，找出你欽佩的或你所屬產業裡備受敬重的十位財務長。如果你想成為藥物研發早期階段的專家，你應該做同樣的事。你可以根據業界領袖在業界雜誌發表的文章、相關會議的演講嘉賓名單，或是你們公司高層的介紹，確定業界的「最佳領袖」名單（最佳行銷長、最佳資訊長之類的）。

- **要求訪談。** 寄電子郵件給這些領袖，將你的請求描述成他們藉由一次隨意的談話，為一名同業提供事業發展意見。因為你是在占用他們寶貴的時間，你請求幫忙的郵件，應該簡短、直接：

  - 「尊敬的＿＿＿＿：恭喜你榮登＿＿＿＿榜／我看了你日前發表在＿＿＿＿的文章／你的同事＿＿＿＿介紹我聯繫你。作為＿＿＿＿業界出類拔萃的領袖，你的洞見對我的個人發展將有極

大的幫助。我知道你的時間非常寶貴，但我
希望你可以花15至20分鐘，告訴我哪幾項經
驗，對於我爭取成為一名〔某個職稱〕最有幫
助。我不是希望利用此次談話爭取工作或實習
機會。我們是否可以在未來數週，安排一次簡
短的通話？」

- **請教意見**。在訪談期間，問對方下列問題，詳細
記錄他們的回應：

   - 「你認為哪些關鍵的職能經驗〔未必是工
作〕，可以成就最優秀的〔總經理、資訊科技
架構師、財務總監等〕？」這個問題僅問如何
使一個人在某個職能領域成為優秀人才。

   - 另一種問法是：「你認為一名優秀的＿＿＿＿，
履歷表上會有哪些關鍵經歷？」如果對方遲遲
未能提供有用的資訊，你可以請他們談談自身
職涯裡最寶貴的經驗。

在訪談結束時，感謝對方，並請對方容許你在有進
一步的問題時再聯繫。告訴對方，你願意與他們分享你
的個人經驗圖。訪問數名不同的領袖，因為他們不同的
觀點相當寶貴，而且他們的個人經驗，也會影響他們的
觀點。此外，有些人將輕鬆回答你的問題，有些人則可
能回答得很吃力。他們是傑出的業界人才，但不是個人

發展專家；因此，你應該視他們的意見為一種禮物，即使他們提供的資訊，未必是你想要的。

創造你的個人經驗圖。業界領袖訪談，為你提供了創造個人經驗圖所需的原料。你應該好好檢視你的筆記，列出受訪者提出的經驗。你聽到的，並非全部都有用；有些資訊可能重疊，或是和另一位受訪者所講的有所衝突。你該做的是整理這些資訊，找出可以最有效加快你事業發展的幾項經驗。

每一項經驗都應該描述某個有意義的業務結果，例如設立一套新的生產設施，領導一個大型團隊扭轉業務困境，或是替某個業務部門完成關帳作業。這些經驗應該是構成你的職能或領導能力的重要部分，它們對你所屬業界的人應該具有重要意義。你列出來的經驗如果有些基本相同，你應該將它們合併，而如果有些項目其實是行為或技能（差別參見下頁圖表3-4），你應該刪除。

你所屬的專業對成為高績效人士所需的職能經驗有獨特的要求，但各專業對管理經驗的要求，基本上是共通的。管理經驗增進的是對所有經理人都有價值的通用能力，無論他們屬於什麼職能領域。為求簡便，創造個人經驗圖時（參見圖表3-5），請利用下列經驗。

- **生命週期經驗**：在公司的不同單位或產品演化的不同階段領導團隊。領導團隊扭轉困境，領導一

項新創業務，在穩定的業務環境下領導團隊，在
新興市場或完全成熟的市場工作。

- **管理經驗**：在考驗管理技能的環境下領導團隊。
  提升一個素質不佳的團隊，領導一個大型團隊，
  管理一個你可以發揮影響力但不具權力的團隊，
  在一種矩陣式環境下領導團隊，在高度政治化的
  環境下領導團隊。

圖表 3-4

經驗與行為或技能的差異

經驗	行為	技能
開車通勤，不曾發生事故。	遵守所有交通號誌，對其他駕駛人保持禮貌。	操作機動車輛和看懂交通號誌的能力。
在某個開發中國家，開設了一間新工廠。	了解當地文化，並在運作上適當配合；激勵團隊在緊迫的期限內完成任務。	管理大型專案、與工會維持良好關係、掌握生產時間表的技能。
替某個大型業務部門完成關帳作業。	迅速釐清各分類帳的差異；質疑建議採用國際財務報告準則（IFRS）以外做法的主管。	會計、財務分析、做簡報和寫報告的技能。

圖表 3-5

個人經驗圖

我的目標是在＿＿＿＿＿之前做到＿＿＿＿＿＿＿＿＿＿＿＿。

從：藉由技術專長和嚴格奉行他人指示貢獻價值的個人貢獻者。

到：制定明確策略、透過小團隊創造成果的領袖。

我需要的職能經驗	我需要的管理經驗
規劃經驗 ・領導複雜的大型跨職能專案或變革計畫 ・建立一項為期多年的策略與行動計畫 ・規劃和建立「假期倡議」，向利害關係人做簡報 ・領導一項重要的撙節成本計畫 **供應鏈經驗** ・領導一項複雜的企業專案 ・管理公司與一家重要供應商的關係 ・藉由與內部／外部利害關係人（包括供應商）往來互動，領導永續性領域的變革 ・領導一項關鍵供應商轉型計畫，包括控管風險、代表公司的價值觀，以及與利害關係人溝通 **製造經驗** ・管理一套雇用超過50人的生產設施，當中既有專業人士，也有前線夥伴	**生命週期經驗** ・替公司在一個新市場領導團隊 ・領導某個大部門或市場的脫困工作 **管理經驗** ・在一種矩陣式環境下管理團隊 ・從零開始建立一支團隊 ・領導團隊，團隊裡有超過四個組織層級 **地域經驗** ・在美國以外的兩個國家生活、工作過，其中至少有一個為母語非英語國家

我的計畫可能會遇到的障礙：

・
・
・

我打算如何克服障礙：

・
・
・

- **地域經驗**：在本地以外、當地語言並非你母語的地方累積的經驗。

選出你認為對你最有幫助的四至七項職能經驗，以及三至四項管理經驗，將它們記錄在你的個人經驗圖上。這個經驗圖必須是有重點、切合實際的，它將是你定期用來規劃你的成長和評估進展的參考資料。

個人經驗圖現在是你持續培養自己成為高績效人士的指南，創造它是你在時間上最明智的投資之一。每次你換職務或換公司，都應該檢視個人經驗圖的內容，確保它符合最新狀況，仍是你有用的個人指南；如果你沒有換職務或換公司，應該至少每六個月這麼做一次。

個人經驗圖流程是我指導全球型大公司用來加快人才成長的一種方法，我確信它可以非常有效地促進你的事業發展。你可以利用附錄延伸資源提供的範本，創造自己的個人經驗圖。

你現在已經可以控制自己的發展，因為你已經確定了你的「從／到」，也建立了個人經驗圖，但是還有一件事要考慮。

3. 取得回饋和前饋意見

在本章前面段落，我們討論過做事、獲得回饋、做得更好的簡單學習循環。你必須將你的重要經驗視為學

習機會,從中擠出所有的寶貴回饋和洞見,這些經驗才
有意義。每一段經驗告一段落時,你應該與提供這段經
驗的人會面(可能是你的上司,也可能不是),有條理
地檢討這段經驗。你應該問對方:

- 「除了交出成果,你希望我從這段經驗中學到什
  麼?你認為我學到了多少?完全沒有、一點點,
  還是非常多?」
- 「根據我的表現,如果我再有類似經驗,你對我
  有什麼樣的建議?」
- 「你可以再給我一項建議,幫助我未來表現得更
  好嗎?」

配合公司的個人發展流程。很多公司都有一套年度
流程,你和你的主管透過這套流程,規劃你的發展。你
應該以你的個人經驗圖,作為你主要的事業發展指南,
公司的計畫則是作為輔助。為了確保你可以從公司的流
程中,得到你需要的東西,你應該這麼做:

- **了解你的主管認為「最重要的一件事」。**如果我
  問你,你希望你的配偶、孩子、父母或最好的朋
  友改善哪一點,你應該馬上就有答案。你的主管
  對你也有同樣的答案,你只需要問,就能夠知
  道。保持專注和明確,對個人發展很重要,因此
  你應該問你上司:「為了取得更好的績效,我今

年可以改變哪一點？」這個問題的答案，應該成
為你在你們公司的個人發展計畫裡的主要目標。
你沒有時間完成兩至三項發展活動，因此應該專
注於你的主管認為最重要的一項。

- **善用你的個人經驗圖**。你的上司不是個人發展專
  家，你不應該期望他對你的個人發展有完美的見
  解。如果你已經建立了你的個人經驗圖，你可以
  在與上司談個人發展時主動表示：「我思考過我
  在事業發展上的目標，我認為接下來對我的事業
  發展最有幫助的經驗是＿＿＿＿。」如果你的上
  司同意你的看法，要求他／她提出有助你獲得該
  經驗的一項具體活動。如果他／她並不同意，但
  建議的經驗在你的個人經驗圖上，那也很好！否
  則你應該利用你的遊說技巧，使你的上司相信你
  提出的經驗，有助你成為高績效人士。如果遊說
  不成功，請你好好想想他／她提供的發展建議，
  是否能夠促進你的事業發展。

主管提供的發展建議，有時是他們希望你採取的戰
術步驟，例如他們可能希望你參加某個培訓課程。如果
是這樣，你應該接受建議，同時要求他們支持你根據個
人經驗圖希望獲得的經驗。

你在規劃個人發展時，應該謹記這兩項冷酷的事實：

- **你的上司不是個人發展專家。**主管往往必須負責制定部屬的發展計畫，你可能因此假定他們很擅長做這件事，但你應該記住，你的上司不是個人發展專家。他們自己的職涯路徑未必適合你，而他們對你最好應該如何發展事業的看法，也未必準確。他們很可能從來不曾學過如何制定出色的個人發展計畫，因此就你的個人發展計畫而言，你的上司應該是一個意見來源，但不應該是唯一的來源。

- **你們公司正式的個人發展流程，很可能是不夠的。**你可能不想把自己的事業發展外包給你的雇主，你希望對此承擔個人責任，而這種自我負責的心態，在你考慮公司的個人發展流程時是有益的。根據我的經驗，公司規劃的個人發展流程，往往欠缺應有的嚴謹程度。發展目標可能相當含糊，你的主管也通常不必跟進你的發展計畫。在參與公司的流程之餘，你維持、更新和用來追蹤個人事業發展的計畫，應該是你自己真正的個人發展計畫。

簡而言之，高績效人士對自己的事業發展負責，嚴格要求自己實現自訂的目標。

步驟 3 總結

你靠出色的工作成果和正確的行為成為高績效人士。想要保持高績效，有賴持續增強自己的能力和技術，隨時準備好累積更重要、更具挑戰性、更有助事業發展的經驗。加速個人成長最可靠的方法是，盡快累積適當的職能和管理經驗，愈多愈好。找出業界的頂尖人才，向他們請教應該累積什麼經驗，然後為自己承擔起實際累積經驗的責任。你總是你自己最好的事業促進者。

現在，你已經了解如何擁有出色的工作成果和正確的行為，還制定了個人持續成長的計畫。步驟4〈人脈很重要，有效建立並運用關係〉將告訴你，如何在組織內外部建立強而有力的人脈網絡，使你的事業持續成功。

你可能會遇到的潛在障礙

- **公司想派我到國外工作，但我不確定是否應該接受。** 派駐海外工作是個人職涯裡最有利的事業發展經歷之一，你將因此得以從根本不同的角度看世界和你本國的文化，並且了解不同地區的工作方式。在許多全球型公司，外派工作經驗是事業成功的一項關鍵因素，因此除非你不可能遷徙，應該接受外派任務。如果不接受，你是限制了你向其他人證明自己是高績效人士的能力。

- **個人發展計畫不是應該納入行為和技能嗎？**行為
  和技能極其重要，而在你的重要經驗裡，你將掌
  握新技能和實踐新行為。如果你想培養某項具體
  的技能或行為，想想什麼經驗將能夠最有效地教
  會你。

- **我們公司有一套能力或行為模型，要求我用它來
  規劃個人發展，那是什麼？我如何將它和經驗
  連結起來？**能力模型可能描述貴公司希望你展
  現的行為，或公司認為對你所屬職能重要的能
  力。例如，行為方面的一項能力，可能是「管理
  變革」，而公司的模型將列出這項行為和一些例
  子。能力模型是有用的，但它並不告訴你該如何
  建立那些能力。累積經驗是建立能力的最快方
  法，如果你的主管堅持要測量或討論能力，請教
  他／她什麼經驗可以幫助你最快建立那些能力。

- **如果正規教育僅占個人成長的10%，我是否應該
  去上公司提供的課程？**正規課程有助提供在實作
  之前，討論某些實務概念或進行練習的框架、工
  具和機會。光是這些原因，就可能極有價值，但
  你要盡量避免以正規課程代替你從經驗中獲得的
  學習。

- **我們公司看起來好像並不認為，累積經驗是員工成長的首要方法。**沒問題，你可以試著引導你的主管幫助你根據你的個人經驗圖累積經驗。每次在和你的主管談論個人發展之前，先檢視你的個人經驗圖，準備好提出具體的經驗累積要求。面談期間，你應該說明：

  - 你的主管或公司，可以得到什麼好處，例如「我現在做不到_____，等我有了這項經驗之後，就可以幫你做」；「我可以教同事_____」；或「我們公司可以從我身上獲得更多_____或_____」。

  - 你打算如何利用你想累積的經驗，例如「我會利用這些技能，學習這些新能力，展現這些行為，獲得這種回饋，來糾正我的事業發展路線。」

    主動解除他們沒說出口的擔心，使他們相信你不會在掌握了新技能之後，就離開他們的部門，甚至離開公司（「這項經驗將使我能夠為團隊貢獻更多。」）

    如果你的上司多次拒絕你獲得新經驗的要求，請他們非常坦白地提供意見（「我可以做哪一件事，使我在未來有很好的機會獲得這種經驗？」）他們可能認為你要求的經驗對你來說太難了，你目前的表現未達他們願意投資在你身上的水準，又或者你繼續做目前的工作，可以學到最多的東西。

- **我在小公司工作，無法累積大量的經驗**。記住，經驗不等於工作，經驗是藉由做一些以前不曾做過的事培養自身技能的機會。根據這項定義，你們公司可以提供什麼經驗？公司總是會有一些特別的專案，有沒有哪項專案，可以提供你有意義的經驗？在某個職能領域或職位上，是否有人是你可以學習，或者希望了解更多的？如果找不到任何有助你發展的經驗，你應該好好想想這家公司能否幫助你達成事業目標。

✓ 關於自我成長，你應該記得這幾件事

確定的科研結果指出：
- 作為職場專業人士，我們的能力成長約70％來自經驗累積，約20％來自與他人互動，約10％來自正規教育。
- 如果你累積的經驗是多樣化的（包括地域、生命週期、管理經驗），而且涉及克服難題（你必須解決新的問題），你將從經驗中學到最多。

你應該：

- 請教所屬領域的專家，什麼是最有意義的經驗？
  以此為基礎，創造你的個人經驗圖。
- 擬定你的個人發展計畫，並且持續更新 —— 這
  是你取得高績效的終身指南。
- 定期評估自己是否正在累積最有力的學習經驗；
  如果不是，迅速調整。

試用：

- 個人經驗圖（圖表3-5）。

人脈很重要，
有效建立並運用關係

當年美國詹森總統（Lyndon Johnson）取得和運用權力的方式，許多人會認為是公然不擇手段。詹森是運用影響力的大師，40歲就當選美國聯邦參議員（當時參議員的平均年齡為58歲），45歲成為歷來最年輕的參議院多數黨領袖。[1]

　　歷史學家羅伯特・卡羅（Robert A. Caro）以他有關詹森的著作兩次榮獲普立茲獎，他這麼敘述詹森刻意建立人脈的做法：

詹森選擇自身導師的方式非常聰明，他非常刻意做這件事。詹森當選參議員之後，還沒有宣誓就任，就去找21歲的參議院會客室員工鮑比・貝克（Bobby Baker），因為他聽說貝克熟知參議院的一切。他想問貝克什麼？不是參議院的規則，而是誰的權力最大？貝克告訴詹森，參議院真正擁有權力的只有一人，那就是理查・羅素（Richard Russell），這可能是詹森當選後第一年裡得到的最重要資訊。

　　詹森在參議院做的第一件事是什麼？不是在參議院會議上起身發言，也不是提出法案，而是接近羅素。多數參議員（或許是詹森以外的所有參議員）進入參議院之後，首先設法加入權力最大、最受尊崇的委員會。但詹森不是這樣，他知道羅素是權力最大的參議員之後，首先是看羅素在哪個委員會。原來是軍事委員會。於是，詹森要求加入軍事委員會，因為沒有人想加入這個委員會，他毫無困難地加入了……。

　　然後，他針對羅素的弱點展開行動。羅素很寂寞，除了參議院的工作，沒有生活可言。他每週六都會到國會山莊，因為他沒有其他地方可去。所以，詹森每週六也都到國會山莊。羅素在國會山莊附近的簡便餐廳吃飯，詹森開始在工作之後陪他去幾家漢堡店吃東西。很快地，他們兩人幾乎每天都在一起吃飯。

　　羅素熱愛棒球，但沒有人陪他去看球賽。詹森對棒球完全沒有興趣，但他跟羅素說他熱愛棒球，然後陪他去看球賽。此外，詹森誇大地奉承羅素，一如他對所有年紀較長的男人。羅素為自己的立法技藝感到自豪，詹森替他取了「老大師」（the Old Master）的綽號。羅素給他建議時，詹森會說：「嗯，這是老大師的經驗教訓，我會謹記。」[2]

這個故事告訴我們什麼？

　　詹森掌握了建立和運用人脈的技藝，即使他很可能不了解背後的科學研究。相關科學研究顯示，善用影響力和人脈策略，對你從上級和同儕那裡得到你需要的東西極其有用。你獲得這些額外資源和人脈關係的能力，對你逼近你理論上的最佳績效至為重要。更好的是，你建立和運用人脈的能力，幾乎是你完全可以控制的。

雖然我闡述的策略，在科學上已經證實大有好處，你要採用它們，可能還是會覺得有點厭惡、尷尬或懷疑。並非只有你這樣，一篇研究論文指出，「令許多人最困擾的一個觀念是，建立和運用人脈是徒勞、可怕或在道德上可疑的。」[3]好在建立和運用人脈並非徒勞無功，因為研究已經證實這是有用的。起初你可能會覺得這件事有點可怕，但一如所有具挑戰性的事，你每做一次，都將變得更自在一些。你必須自己決定，有策略地建立和運用人脈，是否符合你的道德觀。

如果你不完全相信本章闡述的策略，想想傑佛瑞·菲佛（Jeffrey Pfeffer）教授的話，他在史丹佛商學院教授一堂有關權力的課程，極受學生歡迎。菲佛說：「我愈來愈確信，掌握權力的人未必比其他人聰明。超過某個程度的智力和某個層級之後，人人都是聰明的。差別在於他們的政治技能和悟性……掌握權力的人（a）明白世界並不總是公平、公正，並且接受這樣的事實；（b）了解取得權力的基礎和策略；和（c）有技巧地採取和自身知識一致的行動。」[4]

菲佛確信，有助你建立和運用人脈的策略，對你的事業大有幫助（而科學研究也支持這一點）。一如本書提出的每一個步驟，你可以選擇是否採用，但我想說的是，如果你不採用，你是有意識地損害自己可以達到的績效。這正是為什麼人脈很重要，有效建立並運用關係，是通往高績效的步驟4。

科研結果顯示

有關建立強而有力關係的好處，廣泛的研究指出：

- **討好別人，一切將會比較順利。** 如果你能夠有效地討好別人，你在所有典型的工作情境下都能獲益 —— 獲得更好的績效考核結果、面試更成功、同儕關係更牢固，諸如此類。這可能不是你喜歡的做法，但只要付諸實行，就確實有用。相反的策略 —— 不客氣地向別人陳述自身觀點 —— 也有人研究過了，結果往往是引起反效果。[5]

- **良好關係可以彌補績效之不足。** 一名員工如果和上司的關係很好，即使根據客觀標準，其績效不佳，還是可以獲得不錯的績效評等。員工因為有很好的關係，顯然不濟的表現也可以獲得包容，這是與上司建立良好關係大有好處的最有力證據。[6]

- **你晉升的速度可望與上司相若。** 與上司關係良好，可以提高你的晉升機會，而如果上司加速晉升，你也有望升得快一點。[7]

- **人脈好，績效也好。** 人脈網絡較強的人，一般薪酬較高，職涯裡晉升次數較多，職涯滿意度也較高。重要的不僅是你認識誰，還有你認識多少人。[8]人脈較佳的人績效較高，是因為他們能夠得到更多人的幫助，獲得更多洞見、支持和資訊。[9]

科學研究告訴我們，你的性格和政治技能，直接影響了你經營人脈和影響他人的能力。這些研究顯示：

- **誰可以更有效地建立和運用人脈，取決於環境脈絡**。內向者和外向者都可以有效建立和運用人脈，但誰做得更好，則是取決於環境脈絡。內向者在技術型環境下，可以發揮較大的影響力，他們在這種環境下，主要專注於完成具體的任務。外向者在團隊合作極重要的環境下，可以發揮較大的影響力；在這種環境下，他們經營人脈的天生興趣，使他們占有優勢。[10]

- **人脈強者正面得多**。人脈強的人自信心較強，工作滿意度較高，比較信任組織，也較有承擔，生產力較高，積極行為較多，事業比較成功，個人聲譽較佳。[11]但相關研究尚未釐清此中因果關係。

- **「政治動物」有優勢**。如果你政治能力高強，你的效能會比較好，因為政治化的環境，使許多人不開心、不願承擔、比較緊張，甚至希望離開組織。[12]相對於在政治化環境裡渾身不自在的人，能夠駕馭這種環境的人，占有明確的績效優勢。

- **同儕將使你受到抑制**。奉承迎合可以討得老闆歡心，但別忘了你的同儕會看到你在玩這種把戲。如果他們覺得你太賣力或太公然做這件事，你的名聲和人脈很可能因此受損。你從自己與上司的良好關係中受惠愈多，你的行為對你的名聲和同儕關係造成的風險可能就愈大。[13]

應該怎麼做？

為了與上司、同儕和部屬建立良好關係，你應該研擬一套策略，積極付諸實行。每一方面的關係，都可以帶給你獨特的好處，但你需要不同的策略。

如何打好與上司的關係

你和直屬上司的關係，是你在工作上最重要的關係。科學研究明確指出，和直屬上司的關係夠不夠強，對你的事業成就影響極大。你在人脈方面的首要任務，應該是與你的直屬主管建立密切、有益的關係。為此，你應該做的事，其實相當簡單。

做好工作。如果你在工作上一貫表現出色，就能奠定與上司建立良好關係的基礎。你的出色表現使你的主管顯得領導有方，而且不必太費心費力管理你，你的主管因此得到雙重好處。雖然科學研究顯示，如果你能夠有效地討好上司，你的實際工作表現就沒有那麼重要，但長遠而言，這對你是很危險的。有天你將有一名新上司，他雖然也喜歡你巴結他，但不接受部屬以奉承代替出色的工作表現。

幫助上司完成重要任務。你的主管當然希望上級和周遭的人對自己印象良好。與上司建立良好關係有個萬無一失的方法，那就是了解什麼事，可以使你的上司予人良好印象，然後幫忙做好這些事。確定該做什麼最簡單的方法，就是問你的上司：「你目前有什麼工作要完成？」，或是「你今年（或這一季）真正想做好的一件事（或某項專案、指標）是什麼？」

知道你的上司想要做好什麼事之後，找出你可以幫忙的具體方式，提供支援。不要只是問你的上司：「有什麼事是我可以幫忙的？」告訴他／她你具體可以幫什麼忙。如果你的主管日內必須做一場重要的簡報，你可以主動提出幫忙做研究、蒐集資料、做簡報檔案，或是檢閱報告等。如果你的主管將參加某場銷售會議，你可以主動提出幫忙研究那家公司及其產品，或是了解該公司的執行團隊。

你應該有意識地向上司提出要幫忙，並且跟進進度。團隊裡可能只有你這麼做；果真如此，這樣的做法將更有效。即使你的上司一開始說不用幫忙，你可以定期再問。你積極的態度，將會得到賞識。

適時奉承。 無論我們以為自己多謙虛，我們都非常喜歡聽到別人讚美我們的能力和成就 —— 我們喜歡別人奉承自己的程度是相當驚人的。奉承的話可以是：「簡報很精彩！」，或「你真的很了解這裡。」我們都喜歡別人的恭維，而且會對恭維我們的人比較有好感。[14]雖然理論上奉承有可能過頭，但科學研究也告訴我們，即使對方知道我們的奉承不是真誠的，仍將覺得開心，而且會對我們有好感。[15]你的老闆也是人 —— 和你一樣，可能在某些方面欠缺安全感。如果你經常讓你的老闆對自己和自身在工作上的價值感覺良好，你將贏得你老闆強烈的好感。

建立真誠的友誼。 建立有力關係最顯而易見的方法，就是成為上司的朋友。這種正面關係可以產生巨大的好處，而且相對於利用交易型（transactional）策略建立的關係，它帶來的好處更持久。與上司建立友誼的方法，一如與任何人建立友誼，無非是經常聯繫、互相信任、用心聆聽，以及無私相助。

你也應該注意上司的個人興趣，你的上司可能有獨特的嗜好，例如快艇競賽、板球或縫被子，你不必成為這些領域的專家，但如果你的上司明顯提到自己的興趣，或是展示一些反映出其個人興趣的東西，你可以偶爾問一下。對於你上司的興趣，不要假裝自己很懂。如果你說自己熱愛一級方程式賽車，但講不出喜歡的車手、車隊或賽道，你上司對你的好感將會大減。

　　任何人都可以採取這些方法，但女性在印象管理方面，不如男性那麼積極。無論是自我宣傳、奉承討好，還是積極陳述自身觀點，男性往往比較積極嘗試在工作上建立人脈和說服別人。[16]在這些方法中，有一些可以非常有效地改善重要關係的品質和深度。女性如果不利用這些技巧促進事業發展，就是限制了自己的事業成就。這些行為完全是可以學會、控制的，女性應該善用它們，使自己擁有更好條件成為高績效人士。

如何經營同儕關係

　　在你追求成為高績效人士的路上，同儕的影響是獨特的，因為他們並不直接決定你的成就，但對此有顯著的影響。與同儕建立良好的關係，有助確保他們不會阻礙你，雖然他們促進你事業發展的能力相對較弱。下列四件事，有助你與同儕建立良好的關係。

　　好好認識你的同儕。如果你真的了解你的同儕，就知道如何與他們建立最好的關係。無論你是在大公司還是小組織工作，無論你是身處歐洲、亞洲或北美，無論

你和同事是同處一棟大樓，還是分散在世界各地，你都
必須積極執行一項計畫：親自認識每一位關鍵同儕。你
應該至少每季一次和你的同儕進行有意義的聯繫，無論
是和他們通通電話、吃午飯、喝啤酒，還是喝杯咖啡。
這不能只是在吃午餐時剛好碰見打聲招呼，應該是事先
安排、坐下來聊聊天的會面。目的是了解你的同儕最近
的工作情況，也可能聊聊家裡的事。你不必同樣喜歡每
一個人，但如果你不夠了解他們，就不知道如何在工作
上與他們好好合作。

與優秀的同儕多多往來。 你的名聲取決於你與許多
同儕的關係，但你的前途更受到你與高績效同儕關係的
影響。這些高績效同儕，很可能與你競逐相同的晉升機
會或資源，因此你最好可以證明自己並沒有笑裡藏刀，
如果是你升上去，你將是好上司；如果是同事升上去，
你將是好部屬。

老闆很可能比較信任績效最好的同事，因此你的老
闆在和高績效同事聊天時，他們對你的評論比低績效同
事的評論更有影響力。最後，別人對你的印象，很受你
與什麼人作伴影響；因此，你希望別人認為你是優秀人
才，還是普通人員的夥伴？

伸出援手。 有個強大的心理概念，名為「互惠規
範」（the norm of reciprocity）；簡單地說，就是我們天

生希望幫助那些幫助過我們的人。[17]根據這個概念，為了你的最佳利益，如果同事請求你幫忙，尤其是高績效同事請求你幫忙，你應該答應。這可能包括提供資源支持某項專案，甚至是在對方有需要時提供金錢援助。這種無私的行為，將對你的形象大有幫助，而且受助者將記得你的功勞。

請求幫忙和請教意見。我們在請教別人時，很容易使對方覺得自己高人一等，得到奉承而高興。即使你的策略、計畫或文件，已經過你深思熟慮，你也可以請求一些重要同事提供意見。如果你的計畫和對方的計畫有所衝突，又或者對方是相關領域的專家，請教對方意見的效果會特別好。這會使他們覺得自己很聰明，而你則是顯得謙遜，同時你還可能獲得一些寶貴的洞見。

與部屬維持良好關係

我在步驟2〈堅持適當的行為〉中指出，與直屬部屬維持良好關係，是當一名轉型領導人重要的一環。這種關係的獨特之處，在於你對直屬部屬本來就已具有組織權力，管理好這種關係是有益的，但它沒有管理好與上司或同儕的關係那麼重要。

對外連結，建立你的外部人脈網絡

如果你能在組織的內外部，建立強大的人脈網絡，你的績效將可提升。強大的人脈網絡，使你得以獲得更多寶貴的資訊（例如業界動態，以及有哪些重要的業界人士你必須認識）、更多資源（必要時有更多援手），以及更多在事業上指導你、支持你的貴人。[18]

在建立人脈網絡這件事上，固定的 50％因素可能幫助你，也可能阻礙你，因為性格外向者可以比較自然、輕鬆地與所有類型的人建立關係。[19]人脈網絡的規模和強度，攸關個人的工作績效，即使是內向者，也必須展現（或假裝）建立人脈的行為。

在步驟 2，我們談到，有些行為將幫助你建立知名度，而其他人將幫助你長期保持成功，同樣的道理在人脈網絡方面也適用。與你工作比較有關的小型緊密網絡，例如你在資訊科技或財務管理方面的同儕，有助你在組織內部建立信譽。這個內部網絡對你在工作上成功是必要的，但因為基本上它與外界隔絕，不大可能改善你在業界的形象，使更多獵頭業者知道你，或是加速你的事業發展。

你的人脈網絡如果比較廣闊，有助你接觸到可以促進你事業發展、結識重要人物，以及非正式指導你邁向成

功的人。你可以利用你在某些活動、會議、專業聚會、下
午茶或餐聚場合認識的人，建立這種外部人脈網絡。[20]

　　要建立這種人脈網絡，性格外向者可能只需要一個
好計畫；內向者則可能還需要一些東西，來克服他們對社
交聯繫的恐懼。像我這樣的內向者，必須謹記下列幾點：

- **人人都喜歡談論自己。**你不必擔心自己無法與人
  進行長達一小時、機智風趣的討論，期間必須講
  述許多有關你獨特興趣的迷人故事。大多數的人
  天生自我中心，通常樂於與人分享自己的故事。
  你要做的是記住五個問題，以便你和任何人都聊
  得下去，例如：你可以問對方來自哪裡、之前在
  哪裡工作、今年有何度假計畫，以及公餘之暇喜
  歡做什麼事等。

- **別人想要幫你（如果事情不難，又或者符合他們
  自身利益）。**人們進行社交聯繫，有一部分是為
  了政治利益，而政治的一個重要部分，便是報答
  別人的恩惠（別忘了「互惠規範」）。你可能對
  別人想與你建立關係的原因感到好奇，答案可能
  是他們認為，你有一天可以幫助他們、他們正在
  建立人脈、他們本來就是友善的人，或者他們想
  要積極助人成功。你應該利用這種有利的心理現
  象造福自己。

在社交聯繫上，請盡可能便利對方。你可以造訪他們的辦公室，又或者去對他們來說比較方便的咖啡店，安排會面的時間長度最好別超過30分鐘；除了保持聯繫，對對方別無所求。

- **別人其實沒那麼注意我們（這是好事）。**「聚光燈效應」（spotlight effect）這種心理現象，導致我們過度敏感，不大願意置身社交場合。由於聚光燈效應，我們認為別人非常注意我們的行為和外表，但事實遠非如此。如果你害怕自己在和新同事或外面的人長談時，出現令人尷尬的舉動或言語，你應該記住：我們往往顯著高估了別人注意到我們獨特言行的可能性。[21]此外，如果你做了某些蠢事，例如在與人交談時，忘了某個重要的名字；研究顯示，人們如果認為自己可能也會做同樣的蠢事，通常願意包容。[22]

- **性格外向者與比較多人建立關係，但有意義的關係不會比較多。**外向者的社交網絡比較大，但他們與相識者的關係，不會比內向者的深。[23]

掌握四項關鍵，打造出最強人脈

社交聯繫有許多小技巧，我建議你先為自己的這種努力，奠定有力的基礎和策略。

　　1.）設定目標，記得你的目標。你會發現，一旦釐清了自己從事社交聯繫的目的，擬定相關計畫將容易得多。你是希望進一步了解自己的職能或產業？還是希望提高自己的知名度，以便增強自己的影響力？抑或你想找一份新工作？問題的答案，決定了很多事情，包括你的目標人脈範圍應該廣一些、集中一些，你應該致力聯繫的人屬於什麼層級，以及你應該如何規劃你與他們的談話。

　　釐清了自己的目的之後，你應該擬定計畫。你應該聯繫多少人？在哪一段時間內？在什麼產業或地方？每個月你將進行多少次真正的聯繫〔見面或通電話，而非僅在領英（LinkedIn）上聯繫〕？你將如何評估自己的成績？聯繫必須真正去做，才能產生強大的效益。如果想成為成功的人脈經營者，你必須監測、管理自己的進度，一如你投入任何重要的工作。

　　2.）有些人對你更有價值，因此要有策略。你應該盡可能與最有影響力、最高層級、最有名、最受敬重的人建立關係。就日常交際而言，本地某間工廠的供應鏈主管是不錯的對象，他人很好，是日後碰面時可以聊天的人。但如果你的目的是加速事業成長，業內最有力的人對你最有價值。好消息是：你在工作上討好上司的策略，對業界的有力人士同樣有效。

　　你可以清楚說明自己的目的，例如想要加深對產業的了解，或是想要了解對方的職涯經歷，並且從中學習，邀請對方喝咖啡或吃頓飯。記得對他們的成就說一些好聽的話，對他們的嗜好表示興趣。他們將樂於分享自己的故事，甚至可能介紹你認識其他重要人士，因為他們通常認識一些重要人士。

　　3.）自創人脈網絡。我在企業當高層主管時，不時有一些組織向我推銷付費的交際機會，例如聲稱「付我們1萬美元，每年就可以與同業交際四次」。對此，我有點哭笑不得，因為我自己就可以找來十名同業，好好討論大家關心的事，完全不必付錢給任何人。於是，我創立了「新人才管理網絡」（New Talent Management Network），目標正是協助我的同業交際往來、互相學習。如今，它是同類網絡中最大的，完全免費，在美國各大城市提供見面機會，並在業界進行有意義的研究。因為找不到可信的網絡，我就自創了一個。如果沒有網絡符合你的需求，你應該自創一個。自己成為那個網絡的關鍵人物，是經營人脈網絡的最好方式。

　　4.）透過外部顧問認識人。在任何一個領域，都會有一些外部顧問，不時希望上門推銷產品或服務。你很可能不理會其中大部分，但你其實可以利用這些顧問，幫助你拓展人脈。他們在你所屬的業界，每年與數百人見面，你可以告訴這些顧問，如果他們可以介紹你認識三名業界有力人士，你就願意跟他們見面。

人脈經營計畫表

現在，你已經知道要建立什麼類型的人脈、應該怎麼做，你必須擬定計畫，追蹤自己的人脈經營策略。一如致力實現任何目標，如果你可以保持專注、發揮良好的紀律，就能建立比較強大的人脈。人脈經營計畫表，可以幫助你追蹤重要的關係，定期規劃如何強化這些關係（參見圖表4-1）。在計畫表上，填寫重要人物的名字、上一次的聯繫、你規劃下一次何時聯繫，以及有助你和對方互動的筆記（參見圖表4-2，附錄中有更多空白表格）。這種有計畫的聯繫方式，可以確保性格外向者專注經營幾段重要的關係，內向者定期與重要人物保持聯繫，儘管內向者天生不重視這件事。

步驟4總結

經營人脈可能是成為高績效人士最困難的其中一件事，因為你無法直接控制成效，必須遵循某些社會習俗，而且有些人天生就是可以比較自在地做這些事。好消息是，你的人脈網絡愈強大，可以使你更加成功。強大的人脈網絡，將帶給你更多熟人、洞見和資源，幫助你成

圖表 4-1

人脈經營計畫表 ——2019年

內部	關係強度	上次聯繫	下次聯繫	重要事項／筆記
上司	中	2019年1月午餐	2019年4月午餐	今年的大目標是墨西哥城新工廠成功開張；擔心工會問題；女兒Suzie 8月離家上大學。
另一名高層	高	2019年3月專案簡報	尚未規劃	希望留下好名聲；研擬了一份簡短清單，內容是一些可以使他受人注意，並在2020年光榮離職的構想。
同儕1	低	2018年11月主管聚會	2019年4月午餐	專注於系統啟動；聽說她不認為我幫得上忙；4月見面時，先想好我和我的團隊可以如何支援她的三個點子；低調告訴她，配合她的指示。
同儕2	高	2019年2月孩子足球賽場邊	2019年6月在會議上一起做簡報	一切順利。務必問她，會議上簡報的時間希望怎麼安排，同時給她一個機會表現專業。
同儕3	中	2019年3月月度溝通會議	2019年4月月度溝通會議	業務層面的關係，暫時沒有改善關係品質的機會。給他的團隊成員Juan主持Project Social的機會，以獲得N.A.知名度。

內部	關係強度	上次聯繫	下次聯繫	重要事項／筆記
同儕4	中	2018年12月午餐	2019年4月月度溝通會議	因為她很可能調到EMEA行銷部門，宜提高見面頻率。確保她認識Madison，為出任二號人物做好準備。
同儕5	高	2019年1月酒吧閒聊	2019年4月月度溝通會議	關係良好，但太少見面；月度會面將有助我進一步了解他2019年的計畫。
同儕6	中	2019年3月喝咖啡	2019年4月喝咖啡	離開辦公室後，他會分享更多資訊，因此繼續和他每個月喝一次咖啡。問他是否對玉米脆片新品上市有所擔心，上次見面曾有暗示。若是，看他是否與芝加哥顧問公司有關係。

外部	關係強度	上次聯繫	下次聯繫	重要事項／筆記
相識1	中	2019年3月電話聯絡	**寄有關社群媒體策略的文章給他**	過去兩次聯絡，都提到欠缺社群媒體策略。介紹他和Chloe聊一下。
相識2	低	2018年12月電子郵件；沒反應	**直接打電話，到亞特蘭大時提議一起喝咖啡或吃頓飯**	聽說他1月和Max在墨西哥灣捕鮪魚。下次交談時，記得提起這件事，告訴他聖地牙哥的Goldsmith包船釣魚服務。
相識3	高	2019年1月洛杉磯辦公室探訪	2019年5月她到巴黎時會來訪	推薦幾家巴黎的好餐廳給她。
相識4	中	2019年1月新加坡辦公室探訪	2019年4月致電報告近況	了解她最需要哪方面的人脈，6月前介紹兩個人給她認識。

圖表 4-2

人脈經營計畫表 ──2019年

內部	關係 強度	上次 聯繫	下次 聯繫	重要事項／筆記

外部	關係強度	上次聯繫	下次聯繫	重要事項／筆記

為高績效人士。科學研究明確顯示，建立強而有力的關係，即使是靠奉承討好別人，也能促進你的事業發展。

設定了大目標、知道應該堅持哪些行為、制定了自我成長計畫，而且建立了強大的人脈網絡之後，你就具有長期保持高績效的可靠基礎。不過，要妥善利用步驟1至步驟4獲得最大的力量，你還必須考慮另外幾項行動。如果你明白公司的需求會改變，你就可以調整自己的行為和心態，在遇到各種困境時，都能夠維持高績效。步驟5〈盡可能與公司需求契合〉，將告訴你應該怎麼做。

你可能會遇到的潛在障礙

- **我認為應該建立真誠的關係，本章提倡的方法似乎很假。**如果你誠實告訴對方你希望建立關係的原因，這段關係就是真誠的。如果你告訴對方，你建立關係是為了「認識業界人士」，或是「了解業界的最新趨勢」，你後來利用因此獲得的洞見或關係，找到更好的工作或賣出更多產品，都是OK的。你結識的人可能預期，你將利用你建立的關係做某些事；如果他們花時間在你身上對你毫無益處，他們可能會感到失望。

- **邀請公司層級比我高的人一起喝咖啡或吃頓飯，**

感覺有點怪怪的。除非你所在的國家或公司文化
認為這種行為不恰當，你將必須積極地與層級比
你更高的人建立關係。這些人將決定你的事業發
展，他們對你愈是了解，他們的決定很可能對你
愈有利。如果你不確定如何提出邀請，你可以告
訴他們，你想了解他們的職位和工作。你也可以
先問和他們比較熟的人，了解他們一般是否接受
這種邀請。即使你邀請了五個人，最後只有兩個
人接受，你不就因此結識了兩個可能幫助你成為
高績效者的人？

- **我沒有那麼多時間經營人脈，我應該優先重視哪
  些人？** 你應該與你的上司和表現最好的兩三名同
  事建立強而有力的關係。在公司以外，你應該與
  業界影響力最大的人建立關係。雖然你聯繫了十
  名業界有力人士，可能只有一個人回應你，但只
  要能與業界有力人士建立關係，你就可以受惠於
  他們的洞見和人脈。

- **我是否應該花更多時間，經營與直屬部屬的關
  係？** 作為他們的上司，你自然會與你的直屬部屬
  互動，但你可能不會那麼自然花時間在與你的同
  儕或上司的關係上。如果你的直屬部屬已經很投
  入工作，而且效率良好，花太多時間經營與部屬

的關係，可能使你更沒有時間與同儕或高層建立更多良好的關係。

✓ 關於人脈關係，你應該記得這幾件事

確定的科研結果指出：

- 性格外向者天生可以比較自在地與人交際，但人脈網絡的品質並不高於性格內向者。
- 人脈網絡較強的人一般薪酬較高、晉升次數較多，職涯滿意度也較高。
- 當建立關係對自己有顯而易見的好處時，人們最想建立關係，但因為互惠規範，你提出要求通常可以獲得正面回應。

你應該：

- 與你的老闆建立強而有力的關係，關係的基礎一方面是你出色的工作表現，另一方面是你有積極的策略，協助上司維持出色的表現，並且予人良好的印象。
- 找出表現最好的同儕，與他們建立良好的關係，方法包括了解他們的需求，盡可能伸出援手，與他們保持社交互動，例如一起喝杯咖啡或吃頓飯等。
- 找出業界影響力最大的人，設法與其中一些建立

關係，方法包括證明你是他們忠誠的追隨者，希望幫助他們變得更成功。

試用：

- 人脈經營計畫表（圖表4-2）。

盡可能與
公司需求契合

你目前所知道的公司，逾三分之一在二十五年後將不復存在。企業的生命週期 —— 誕生、成長、成功、失敗 —— 已大大加速，結果是目前一般企業估計只能存活不到11年。[1] 這些企業迅速改變，它們對領導人和員工的需求也隨之改變。這意味著公司在顯著改變之後，在公司生命週期的某個階段，你賴以成功的能力，可能就變得比較沒有價值。

你是否很擅長促進企業成長？那很好，但我們目前處於改革轉型的階段，你可以為我們做什麼？你是否以擅長領導變革為榮？很好，但我們公司已經過了轉型階段，不需要你來推動不必要的變革。企業的轉變，往往比人來得快。你的能力和做事方式，必須配合公司當前的需求，才能夠持續締造傑出的績效。可口可樂公司兩名執行長付出了慘痛的代價，才學到這項教訓。

七年歷經四任執行長，可口可樂終於再起

1997年，可口可樂董事會決定任命公司財務長道格拉斯·伊維斯特（Douglas Ivester），接替傳奇人物但已病危的羅伯特·古茲維塔（Robert Goizueta）出任執行長，當時董事會知道，公司所處的產業面臨巨變。可口可樂已經主宰飲料市場數十年，但瓶裝水、能量飲料和其他產品興起，威脅到可口可樂的領導地位。想要有效

因應這些威脅，可口可樂必須推出創新的產品，同時改造組織，以便能夠迅速、靈敏地駕馭全新的局面。實際上，古茲維塔已經啟動了這項策略。

伊維斯特出任執行長時，已經在可口可樂工作了18年，他37歲就成為這家殿堂級公司的財務長。人們普遍認為，他是一名傑出的控制型領導人。伊維斯特是會計師出身，掌握細節的能力極佳，對自己的財務洞察力非常自豪，曾經誇口：「我知道所有的槓桿如何運作，我可以產生極多現金，足以令所有人目眩神搖。」這些能力使伊維斯特成為表現出色的財務長，但它們是可口可樂新任執行長需要的條件嗎？[2]

可口可樂擢升伊維斯特，實際上是假定精明、幹勁十足和重視細節，是新任執行長的有利特質。這些特質都很好，但在1990年代的可樂戰中，可口可樂的策略要成功，需要的是創新和快速的變革。科學研究顯示，可以造就創新和快速變革的領導人，是那些與部屬關係緊密、能夠傳達明確的方向，以及賦予團隊成員廣泛自主權的領袖。[3]這些都不是伊維斯特的強項 —— 人們普遍認為，他是控制欲強、重視結構和對人冷淡的領袖。[4]

可口可樂的需求，與伊維斯特的能力不合，後果很快就慘痛地呈現出來。他在擔任執行長的兩年期間，可口可樂盈利萎縮，之前穩步成長了16年的公司市值停滯不前。伊維斯特對裝瓶公司、業務夥伴和員工的想法看來非常冷漠。[5]在擔任執行長滿兩年後不久，可口可樂就讓他離職。

可口可樂董事會決定由公司資深高階主管道格拉斯‧達夫特（Douglas Daft）出任新執行長。達夫特曾主管可口可樂亞太區部分業務，以擅長凝聚共識和處事圓滑著稱，但不是有力的溝通者。公司一些內部人士認為，他是決斷力不足的領導人。可口可樂的策略仍然需要創新和變革，但達夫特與公司需求的契合程度，看來並不高於伊維斯特。上任後不久，達夫特宣布了一項大規模的重組計畫，目的是縮減亞特蘭大總部的成本和人力。此舉看來證明他比較重視創造一個高效率的組織，而非貫徹公司的成長和創新策略。在他領導公司的數年間，可口可樂業績黯淡，股價下滑，削弱了公司與百事可樂競爭的能力。出任執行長僅四年後，達夫特就宣布退休。

於是，可口可樂開始尋找公司在短短七年間的第四位執行長──此事成為外界非常關注、令可口可樂尷尬萬分的奇觀。接下來幾個月，媒體報導了可口可樂邀請哪些企業界人士出任執行長，而他們全都拒絕了。後來，董事會找來公司已經退休的前任高層納維爾‧伊斯戴爾（Neville Isdell）出任執行長。

　　伊斯戴爾的言行，很快就證實了他正是可口可樂創新和變革策略需要的領導人。他否定可口可樂必須在價格上與對手競爭的想法，開始重新投資在人才上，並且經常直接說明公司想走的方向。在伊斯戴爾與公司策略顯然契合的情況下，可口可樂的股價和相對於百事可樂的市占率迅速回升。但是，在領導人與公司策略不合的七年間，已經使可口可樂和期間兩任執行長付出了沉重代價。

這個故事告訴我們什麼？

　　可口可樂兩任執行長受挫的故事，教訓在於契合與否，而非能力問題。可口可樂每一位執行長，都非常精明能幹，都曾有不凡的成就，但沒有人每一方面都表現傑出。他們的能力（例如伊維斯特高超的財務能力）與組織需求契合時，就能創造出很好的成果。但如果能力與組織需求不合，結果就可能是災難性的。

　　如果你個人的能力和志趣，與你們公司的需求契合，你就擁有更好的成功條件。科學研究指出，一個人的工作表現良好，並非只看當事人的才智，還要看前述的這種契合。不幸的是，有關高績效領導人的故事，往往聚焦於他們獨特的素質，例如高強的智力、眩目的魅力，以及深厚的專業素養。但構成高績效有兩個部分：

你可以交出什麼成果，以及公司需要你交出什麼成果。如果你可以駕馭這兩個部分的契合程度，你取得高績效的可能性就大得多。

契合之所以重要，是因為公司因應市場和顧客需求、因應產品愈來愈成熟，又或者找到新商機，會出現顯著的變化。這些變化可能意味著公司的管理方式，以至企業文化隨之改變。公司的這些基本要素發生變化之後，公司的人才需求，也往往會隨之改變。

公司或許曾經非常重視那名急躁、傑出的銷售主管，因為他總是可以達成業績目標，但他那種為求績效不擇手段的做事方式，如今可能不利於公司追求有紀律高效執行方式的目標。那名默默工作的資深經理，非常內向、厭惡風險，以往可能符合公司的需求，但在公司被私募股權業者收購之後，她可能無法有效執行老闆要求推行的大膽改革計畫。如果你認為，你的強項將永遠對你有利，你應該再好好想想。企業總是比人更快改變，一旦公司改變了「優秀」的定義，高績效人士可能就馬上變成績效平庸者。

高績效人士必須持續動態調整，盡可能與公司需求契合。他們知道，他們迅速改變行為以配合新策略和新需求的能力，使他們更能夠處理各種不同的問題，對公司更有價值，更可能獲得機會，展現更高水準的績效。因此，通往高績效的步驟5，正是盡可能與公司需求契合。

科研結果顯示

　　科學研究告訴我們，與組織契合的人，可以交出更好的成果，因為他們更滿意自己的工作，也更投入為公司效勞。[6]這是個非常符合直覺、也很強大的科學概念，其名稱正是「個人與組織契合」（person-organization fit）。[7]但是，你要如何與一家公司保持契合？

　　科學研究顯示，人員與公司契合主要有兩方面：公司的策略，以及公司的變革需求。[8]「策略」是有關公司打算如何戰勝競爭對手，「變革」則是有關公司在競爭過程中，必須駕馭多大程度的混亂。你在策略和變革這兩方面，與你們公司有多契合，有助預測你能否成為高績效者。在你們公司，這兩項要素也不時有所改變，這也正是為什麼積極管理你與公司的契合程度是必要的。

　　公司的轉變往往十分迅速，管理階層不時更新公司的策略，以因應市場環境的波動、法規的演變、產品在生命週期中的變化，以及許多其他因素。短短十二個月內，一家公司可能從成長模式進入轉型模式，又或者從致力開發尖端產品，轉為致力成為低成本供應商。公司可以迅速調整流程和運作方式，以配合這些變化，但員工要以相同的速度改變自己的行為和能力，則是困難得多。

　　人的轉變比較緩慢，我們固定的50％因素不會顯著
改變，而彈性的50％因素也可能有一部分會阻礙我們改
變。如果你已經花了十年的時間，努力適應公司力求穩
定、壓低成本的策略，你很可能建立了配合相關要求的
強大能力，畢竟你已經花了十年的時間，調整自己的心
態和行為模式以達成目標。現在，公司卻要求你創新，
而且要快。這對所有員工都是個關鍵時刻：及時適應的
人將能保持高績效，其他人的績效則會顯著退步。盡可
能提高契合程度的第一步，就是認清自己和公司對雙方
契合程度有何影響。

　　你對契合程度的影響。你有自己喜歡的工作方式和
公司類型，你可能喜歡高成長的小公司那種快節奏、激
昂、勇於冒險的環境，又或者你喜歡成熟大公司的穩定
性、專業精神和可預期的環境。你對工作環境很可能有所
偏好，但必要時，你可以適應與自身偏好有所不同的環
境。然而，因為你固定的50％因素，對你的基本偏好影
響很大，如果工作環境與你天生偏好的環境顯著不同，你
將必須努力維持你與環境的契合程度在合理的水準。

　　公司對契合程度的影響。你們公司有自己的文化和
策略，也有偏好的工作方式，這些因素構成你必須適應
的工作環境。但是，這些因素可能迅速改變，競爭壓
力、創新，以至公司的自然演變，意味著你數年前才加

入的公司，如今的人才需求已變得截然不同。[9]

　　由於轉變的速度相當快，一旦公司認定的發展策略需要新的行為和能力，你就必須及時調整。如果你不因應公司的需求變化，積極管理自己的契合程度，無論你多努力掌握本書提出的其他7個步驟，你都會發現，要成為高績效人士將會比較困難。

應該怎麼做？

　　如果你能夠定期評估公司不時改變的需求，就可以設法改變自己的能力和行為，更妥善地配合公司的需求。這種評估要求你：

- 了解公司不時改變的需求；
- 了解自己天生適合什麼環境；
- 管理自己的契合程度，以求盡可能提升績效。

了解公司不時改變的需求

　　你們公司的策略和變革需求在顯著改變之後，成就高績效的能力將會隨之改變。你對這些變化的認識愈準確，就能夠愈快調整行為，以配合高績效的新定義。

　　你們公司奉行什麼策略？一個組織的策略，往往偏向追求達成下列兩項目標的其中一個：盡可能提高創新能力，藉此打敗對手；盡可能提高運作效率，藉此打敗對手。這兩種策略要成功，需要不同的能力或心態配合。靠創新致勝，往往需要承受較大風險的意願、較強的創造力，以及較能夠忍受模糊不清的情況。靠效率致勝，通常需要較為冷靜的思考、重視流程，以及六標準差（Six Sigma）能力。你可能認為，一家公司必須兼顧創新和效率才能成功。雖然創新和效率都很重要，科學研究顯示，奉行純粹的策略（致力成為效率最高或創新能力最強的公司），效果總是好過奉行混合型策略（追求兼顧創新和效率）。[10]

你們公司的變革需求為何？一個組織可能正經歷合併、經濟衝擊、快速成長、轉型之類的事件，要求領導人能夠駕馭重大變化。它也可能只是經歷多數組織在日常運作中出現的典型起伏。這兩種環境要求的能力截然不同。

你可能認識一些往往能在亂局中大展身手的領袖，他們具有獨特的能力，能夠明智地冒險、擬定簡明的願景，並且孜孜矻矻地促進工作 —— 他們具有較強的轉型領導力。[11]有些領導人則是特別擅長駕馭日常業務挑戰，能夠有效執行核心流程，管理好自己的團隊，在一般情況下，是優秀的企業公民。但是，這種領導人若必須領導重大變革，必將力有不逮；而如果將轉型領導人放在平靜的環境下，他們會覺得工作無聊到無法忍受。

　　結合公司的策略和變革需求，可以畫出一個四格的「契合矩陣」，用來幫助你評估自己與不同的企業環境有多契合（參見圖表5-1）。

了解自己天生適合什麼環境

　　因為契合很重要，你應該往正確的方向發展，盡可能提高自己的契合程度和績效。第一步就是了解自己天生適合什麼環境。你適合什麼環境，取決於你的性格（屬於固定的50％因素）、你在職涯中鍛鍊出來的能力，以及你偏好的工作環境。這些因素結合起來，使你偏好特定的工作方式，使你在某些情況下比較能幹。就此而言，你就像一塊拼圖，具有獨特的形狀，這本身可

圖表 5-1

契合矩陣

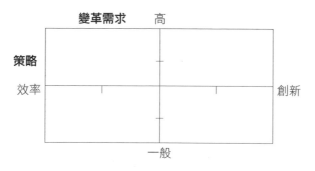

能很有意思，但你必須與其他拼圖契合，才有價值。

舉例來說，亞馬遜創辦人暨執行長傑夫‧貝佐斯（Jeff Bezos），是傑出的創新型領導人。他領導亞馬遜經歷了多波創新，包括從網路書店發展成全面的線上零售平台，再推出多種產品（例如Kindle和Fire）、服務（亞馬遜網路服務），並擴展至全新的產業〔併購全食超市（Whole Foods）〕。在過程中，他建立了一家非常高效的公司，但亞馬遜在市場中勝出，主要是靠它的創新能力。

貝佐斯是史上最成功的企業領導人之一，但如果他出任石油公司埃克森美孚（Exxon Mobil）的執行長，將必須領導一家特別重視效率的公司，他會是最佳人選嗎？考慮到契合問題，他或許會是不錯的執行長，但未必是最佳人選。他的性格、偏好和多年的實踐經驗，使他很適合處理某種挑戰，而開採石油不是這種挑戰。貝佐斯雖然極其精明能幹，但這不代表他在所有情況下，都會是最能幹的領導人。他這塊拼圖，只適合放在某些位置。

我們來評估你在契合矩陣中，天生最適合什麼樣的環境。

1.）先確定你天生適合什麼環境。請按照契合矩陣評估表的指示（參見圖表5-2），迅速評估自己，了解你在一家公司適合什麼樣的位置（參見圖表5-3）。

2.）然後是確定公司的需求。契合是關於你天生的偏好和興趣，與你們公司的需求有多吻合。在了解自己天生適合什麼環境之後，現在你必須確定你們公司需要它的人才貢獻什麼。為此，你必須對你們公司未來的策略有足夠的了解，以便根據策略和變革需求這兩個面向，確定公司在契合矩陣上的位置。未來的策略比現行策略更重要，因為你必須知道自己未來可以如何保持最高程度的契合。了解自己的公司及其策略，有下列幾個好方法：

- 參與制定組織的策略，因此可以在契合矩陣上，畫出公司的位置。
- 向數名關鍵主管解釋契合矩陣的概念，請他們畫出他們認為公司三至四年後所處的位置。
- 如果你在上市公司工作，公司網站通常會有「投資人關係」頁面，內含說明公司未來策略的資料。你可以閱讀這些資料，據此在契合矩陣上，畫出公司的位置。

評估了你們公司的策略之後，在契合矩陣上公司未來策略與變革需求的交叉點畫一個「F」。

3.）最後，評估你與公司的契合程度。你天生適合的環境，與公司未來的需求是很接近，還是相距頗遠？

圖表 5-2

契合矩陣評估表

第一部分：與策略契合

下列陳述描述了不同類型的工作環境，請閱讀 A、B 欄的兩句話，哪一句比較準確描述你偏好的工作環境或挑戰，就在旁邊的空格裡打勾。如果兩句都無法準確描述符合你偏好的情況，請選擇比較接近你偏好的那一句。

	A欄	B欄
	你比較喜歡這一種？	**還是比較喜歡這一種？**
1	擴張至新市場、開發新客戶 ☐	簡化既有流程，尋找可以提升效率的地方 ☐
2	高風險但也可能獲得巨大報酬的角色 ☐	中等風險、中等潛在報酬的角色 ☐
3	發展一項新業務 ☐	扭轉一項舊有業務的困境 ☐
4	藉由開發新產品或新服務賺錢 ☐	藉由改善既有運作賺錢 ☐
5	在關鍵資料不齊全的情況下，迅速做決定 ☐	在資料齊全的情況下，緩慢地做決定 ☐
6	宣傳新構想 ☐	完善既有構想 ☐
7	只需要適度注意細節的角色 ☐	必須非常注意細節的角色 ☐
8	聚焦於構想和可能性的角色 ☐	聚焦於執行和實務因素的角色 ☐
9	不必監測任務進度的角色 ☐	必須積極監測任務進度的角色 ☐
10	創造一項新的工作流程 ☐	改善一項既有的工作流程 ☐
	總分	總分
	A. 總分 ÷ 2 ＝	B. 總分 ÷ 2 ＝

第一部分的結果：A欄總分－ B欄總分（A－B）

1. 數一下每一欄打了多少個勾。
2. 將每一欄的總分都除以2。
3. 將A欄的結果減去B欄的結果，就是第一部分的結果（可能是負數）。

第二部分：與變革需求契合

下列A、B欄兩句話，哪一句更像是很了解你的人會用來描述你的？請在旁邊的空格裡打勾，A、B欄只能選擇一句。

	A欄 很了解你的人會這麼描述你？		B欄 還是這麼描述你？	
1	比較容易激動	☐	比較沉著	☐
2	偏好激烈的變化	☐	偏好週期性或漸進式變化	☐
3	別人遷就你	☐	你遷就別人	☐
4	積極招攬別人參與一項事業	☐	能夠平衡領導與跟隨	☐
5	廣泛和人分享自己的想法	☐	自己的想法多數不告訴別人	☐
6	對於成為眾人矚目的焦點很自在	☐	偏好在幕後工作	☐
7	偏好冒險	☐	謹慎為上	☐
8	夢想家	☐	現實主義者	☐
9	漠視規則	☐	遵循規則	☐
10	著眼於未來	☐	著眼於現在	☐
	總分		總分	
	A. 總分 ÷2 ＝		B. 總分 ÷2 ＝	

第二部分的結果：A欄總分－ B欄總分（A－B）

1. 數一下每一欄打了多少個勾。
2. 將每一欄的總分都除以2。
3. 將A欄的結果減去B欄的結果，就是第二部分的結果（可能是負數）。

確定你屬於什麼類型

1. 使用圖表5-3的空白契合矩陣,從矩陣的中心開始。
2. 看一下自己第一部分的結果:如果是正數,向右移,數字是多少,就移動多少格,然後畫一個小記號;如果是負數,向左移。
3. 看一下自己第二部分的結果,從剛畫的小記號開始:如果結果是正數,向上移,數字是多少,就移動多少格,然後畫一個小記號;如果是負數,向下移。

圖表5-3

在契合矩陣上畫出你的位置

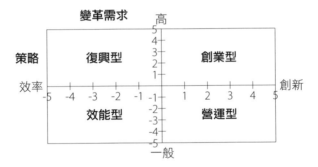

你在矩陣中的位置,代表你天生最契合的環境類型。處於這種環境的公司,比在其他公司更能吸引你積極投入工作。但這不代表你在這種環境下能力特別強,只代表你在這種環境下很可能最投入工作。

如果你與公司的位置在同一格裡,就有很好的成功條件。如果兩者相距頗遠,你要成為高績效人士就會比較困難。但這不是說,你不可能成為高績效人士,只是你必須更加努力,確保自己表現得像天生契合者,並且留給別人這種印象。

如果公司未來的位置，與你天生適合的位置相距頗遠，你可以參考有關如何縮窄差距的一些建議（參見下頁圖表5-4）。雖然你可能必須學習或加強某些技能，以提高你和公司的契合程度，但你會發現，在許多情況下，你只需要改變你的行為。如果那些新行為不是你天生會做的，別擔心，步驟6會說明如何裝出這些行為，以及為什麼這麼做是OK的。

管理自己的契合程度，以求盡可能提升績效

你們公司很可能不會評估你的契合程度，因此你可以應用這套簡單的方法，改善你自己和你團隊的狀態。如果你已經評估了自己的契合程度，你會知道自己的狀態，下次你和上司談論自己的發展時，可以試著這麼做：

1. **分享你對公司的看法。**告訴上司你對公司發展方向的評估，以及這對你有何涵義。

   -「嗨！吉爾，我覺得我們〔公司／集團／部門〕目前和未來數年，是處於〔創業型／營運型／效能型／復興型〕的階段。我據此評估公司未來兩年需要主管做些什麼，認為公司將重視可以做＿＿＿、＿＿＿和＿＿＿的主管。公司當然也需要主管展現許多其他技能和行為，但這些看來是比較重要的，你認為我的評估正確嗎？」

圖表 5-4

如何縮窄差距

復興型

- 承認吧！你們公司因為出了一些問題，才會落到這種處境。你必須認識到，公司將經歷一些重大變革，可能對你的某些同事產生負面影響。這些變革對公司繼續運作下去是必要的，雖然其中有些決定，可能造成你頗大的麻煩。

- **如果你不喜歡面對變革**：不要因為眼前的決定難以作出就拖延下去，幫助其他人了解變革的必要性，以及公司在完成變革之後，可以得到什麼好處。因為你比較了解不喜歡面對變革的人會有什麼反應，你可以主動協助公司的變革或溝通團隊，創作可以有效說明當前狀況的訊息。

- **如果你是創新高手**：公司將進行的艱難變革，可以為你重視的成長和創新提供資金。你認識到公司必須作出改變，而且當改革計畫付諸實行時，情況將會相當混亂。你可以幫助決策者辨明哪些專案今年就必須做，哪些可以留待日後。你可能比其他人更有能力提出新構想，因此可以主動協助各團隊，研擬加速公司轉型的構想。

創業型

- 創造新產品和服務是令人興奮的，公司致力於創新，不穩定性和不確定性自然隨之而來。你們公司承受的風險，無論是在產品、服務、地域，還是技術方面，將決定公司未來多年的前景。

- **如果你是效能高手**：創新的過程，可能是混亂、低效率的，你在組織和營運方面的技能，因此可以支援創新。只要你的技能可以大派用場，你都可以主動表示願意支援大型專案的管理或執行過程。確保公司領導階層認為，你是想幫助公司進步，而不是想發出警告。

- **如果你是營運高手**：組織將自然地向你如魚得水的狀態演變，也就是在營運上變得更有紀律。你應保持冷靜，幫助公司開始建立你知道它終將需要的基礎設施。你要知道，創業者往往視程序為官僚主義和化簡為繁的藉口，因此你務必為自己的行動，提供非常清晰的商業理由，而且你的承諾必須保持簡單。

效能型

- 如果公司的關注焦點是提高效率、減少浪費，一切都是為了提高盈利。公司將重視紀律、精確和控制，遠多於有關新產品或新市場的狂野構想。不過，某些創新將有助確保你的高效能產品或服務，保持足以吸引顧客的特色。

- **如果你是創業高手**：利用你對速度和行動的偏好，確保各項專案以適當的速度進行，避免因為過度分析而停滯不前。在會議中，善用你較強的創造力，提出構想時說「這是你可能會想考慮的另一個選項」，而非「我們為什麼不更快行動〔或投資更多〕？」

- **如果你是復興高手**：積極求變有時，順其自然有時。你在公司裡，可能到處都看到可以改善的地方，但因為公司在當前環境下，幾乎完全不想快速改變任何東西，你在選擇機會和促進改善時，應保持審慎的態度。當你找到公司真正重視的項目時，你的行動偏好將對你大有幫助。

營運型

- 在這種穩定的狀態下，公司賺到錢，組織以可預料的節奏運轉。這種環境有利於持久成功，但如果公司在創新上投資不足、滑向平庸狀態，也可能導致經營團隊變得自滿。

- **如果你是復興高手**：不要因為所處環境欠缺戲劇性和變化而沮喪，作為懂得如何作出明智但艱難抉擇的人，你可以就如何有效投資促進成長、如何替工作項目排出優先順序，以及哪些人才可以在這種環境下大展身手提出意見。即使在穩定的狀態下，事情還是會出錯，因此你可以主動尋求機會，將自己扭轉困境的技能，應用在哪怕是最小的專案上，藉此維持自己的人氣和士氣。

- **如果你是效能高手**：你藉由提高效能而省下來的錢，可以用來支持相關的創新。你務必了解公司的流程，針對如何節省時間和成本、如何改善品質提出建議。你要認識到，公司的預算未必會用在你重視的項目上，但必須投資富創意的新產品和服務，公司才能獲益。

2. **分享你對自己的評估**。告訴上司你適合什麼樣的環境，以及原因何在。
   - 「我認為自己最適合〔創業型／營運型／效能型／復興型〕這種環境，這意味著我的能力大致上〔符合／不符合〕我們的策略。你同意我的評估嗎？」

3. **分享你的計畫**。告訴上司你打算如何發展自己，以配合公司的需求。
   - 如果你與公司的需求契合，你可以這樣表示：「我希望維持個人發展重心在_____，並且試著藉由做_____展現這些技能。」
   - 如果你與公司的需求不大契合，你可以這樣表示：「因為公司的重心一直在變，我希望確保我的技能和行為及時改變，以配合公司的需求。我認為，我應該專注於改善我在_____和_____的能力，辦法是_____和_____。」

4. **尋求建議**。問上司是否可以就公司的轉變或你的發展計畫，給你一些意見。
   - 「除此之外，我還應該做什麼？又或者有哪些事情，是我不應該做的？」

步驟5總結

在你追求傑出成果和高績效的過程中，契合是一項相當有利的因素。這是本書倡導的8個步驟中，你可能無法直接控制的唯一步驟。但是，如果你能夠定期評估自己的契合程度，調整你的行為和能力，以配合公司的需求，你就能夠持續保持非常傑出的績效。

如果你與公司的需求不契合，你必須學會適時「裝出」公司需要的行為，步驟6會告訴你應該怎麼做，並說明為什麼在職場上適時假裝一下，遠遠優於堅持真我。

你可能會遇到的潛在障礙

- **我在公司眾多業務部門的其中一個工作，我應該配合所屬部門，還是公司的策略？**你應該致力配合你所屬的部門。盡可能與公司需求契合，是為了展現某種行為方式，使人認為你對公司極有價值。雖然了解其他業務部門的挑戰或機會沒有壞處，你展現高績效最直接的方式，就是證明自己在當前位置上非常稱職。

- **如果我必須奉行一種有違真我的行為或思考方式，我就不是真誠或真實的。**本書步驟8將破除有關真實性的迷思，但我們現在先假定，你們公司需要你展現某組能力和行為。你完全可以自由決定，是否要展現那些能力和行為，你可能認為公司要求的東西是對的，也可能認為它們是錯的，但你必須認識到：你們公司就是需要那些結果。如果你因為覺得做那些事有違真我，不想配合公司的要求，就應該找個更適合你的新雇主。如果你希望長期保持高績效，就要明白員工就是必須適應公司不時改變的需求。

- **如果我向上司承認自己與公司不契合，這不是在拿自己的飯碗冒險嗎？**你應該告訴上司，你希望藉由持續適應公司策略的變化，確保自己的績效出色。你應該向上司報告你的分析和你提高契合程度的計畫，如果你自己不講，上司將針對你與公司未來需求的契合程度作出自己的結論，而在你沒有參與的情況下，你上司的決定可能截然不同。

- **我在評估自己與公司的契合程度時，必須做到多準確？**契合矩陣是一種指引，幫助你了解自己與公司的策略有多契合。你應該評估自己與公司在矩陣上相距多遠；相距愈遠，你調整自身行為和技能的難度就愈大。如果你與公司在同一格裡，你的契合程度很好。如果你與公司相距半格以內，你的行為和技能應該可以調整至符合公司的需求。如果相距超過半格，而且公司的位置未來多年估計都不會改變，你應該好好想想，自己在那種環境下能否投入工作。

- **公司不是有責任幫助我，如何了解自己的契合程度，以及如何調整自己嗎？**高潛力人才為自己的工作成就負責，不期望雇主主動認識他們的能力。此外，許多公司評估員工能力和目前與未來人才需求的方法不夠成熟，如果你主動負起責任，了解自己最適合什麼環境，並且設法提高契合程度，你就是掌握了自己的職業生涯。

- **公司如果有不同類型的團隊成員，不是可以表現得更好嗎？若是這樣，無論你在契合矩陣上處於什麼位置，都應該符合公司的需求。**雖然有些人認為，成員多元的團隊可以做出更好的決定，但事實複雜得多。多元團隊可以提出更多、更好的選項——這是優點；但多元團隊的決策速度較慢，而且衝突較多——這是缺點。[12]因此，如果你想快速行動，多元程度較低的團隊，將會加速你的進展（但走錯方向也會錯得更快）。如果你希望決策較為穩健，比較多元的團隊對你有幫助。

✓ 關於職能適配，你應該記得這幾件事

確定的科研結果指出：

- 企業的變化比人快；當企業發生顯著的變化時，對領導階層的能力要求，也會隨之改變。
- 你與公司的策略和變革需求愈契合，將愈能投入工作，績效也將愈高。
- 受性格、職涯路徑和個人偏好影響，每個人與各種企業處境的契合程度各有不同；沒有人與每一種處境都最契合。

你應該：

- 了解自己天生適合企業生命週期的哪一個階段。
- 了解你們公司三至五年後，在契合矩陣上將處於什麼位置。
- 學會並展現高績效人士在未來那種處境下應有的能力和行為。

試用：

- 契合矩陣和契合矩陣評估表，藉此了解自己天生適合什麼環境，以及你與公司的需求有多契合（圖表5-2、5-3）。

職場上，
適時假裝一下是必要

演員安德林‧布洛迪（Adrien Brody）為了在2002
年的電影《戰地琴人》（*The Pianist*）中，逼真地
飾演鋼琴家華迪史洛‧史匹曼（Wladyslaw Szpilman），
犧牲了自己的健康、女友和生活方式。這部電影描述在
二戰期間，史匹曼在華沙猶太區躲避納粹德國滅絕猶太
人行動的可怕經歷。為了在電影裡逼真地重現史匹曼
經歷的恐懼和孤獨，身高185公分的布洛迪減重至59公
斤，賣掉了他的公寓，與女友分手，丟掉手機和電視，
而且僅與極少數人往來互動。

　　布洛迪每天練習彈琴四個小時，以便能在電影裡，
逼真地扮演琴藝精湛的史匹曼。經由這種努力，他成了
頗有造詣的鋼琴師。電影裡有一段頗難演奏的蕭邦樂
曲，就是由布洛迪親自彈奏，不必勞煩職業鋼琴師。布
洛迪表示，他在準備和實際演出《戰地琴人》時，使他
在情緒上經歷了很大的磨練，花了超過一年時間才得以
平復。他感人和戲劇性的演出，為他贏得奧斯卡最佳男
主角獎。[1]

　　不是每一名演員都必須徹底改變自己，才能夠成功
飾演一個角色，但布洛迪的決心證明，為了某種崇高的
目的，我們可以短暫變成與「真我」根本不同的人。為
了成為高績效人士，你可能必須展現一些對你來說不大
自然的行為，我知道你是做得到的。

沒有人需要你總是展現真我

從來沒有朋友會跟你說這種話：「我巴不得明天就可以不化妝去上班，穿一身鬆垮的運動服，告訴別人我對他們真實的看法。那是真正的我！」，或是「下週，真實的我將會出現在辦公室中，掌控每一項專案，並且在茶水間裡不停地講八卦。」

每一天，我們都在工作場所「假裝」，而這有很好的理由 —— 我們的公司和同事需要我們這麼做。他們並不需要我們總是展現真我；他們往往需要我們展現自己「風格化」的版本。好消息是，你完全可以控制自己如何展現對工作績效最有益的行為，關鍵在於了解為了取得最高績效，我們何時必須展現什麼行為。

先來建立正確心態：「假裝一下」不是壞事

我們來消除「假裝」一詞涉及的情緒。高績效人士必須明白自己眼下哪些行為最重要，並且展現這些行為。你一定會有自己比較喜歡的行為模式，每次你有意識地展現與自身偏好不同的行為，其實就是在假裝。這是OK的，沒有人會在看到你展現一種很好的新行為時說：「那不是真實的她！」他們會說：「哇，她的適應能力真強！」，或「看到這種正面轉變真好！」即使你並不完全認同你必須展現的行為，作為一名高績效人士，你就是必須比別人更快、更具說服力地展現這些行為。

　　而且，其實你很可能比你所想的，更懂得如何假裝。例如老闆講笑話，你不是笑得特別大聲嗎？一名重要的同事做完冗長的報告之後，你不是會熱情地說「報告真精彩」嗎？其實，你已經知道如何管理自己留給別人的印象，本章幫助你以提升績效為目的來做這件事。最重要的是，認清面對典型的管理挑戰時，你應該展現哪些最有力的行為或行動，認清你在什麼時候可能必須假裝什麼。

　　在你的事業發展過程中，若你想要長期保持高績效，將必須展現一些新行為。你能多快適應變化、展現這些行為，某種程度上決定了你的績效可以有多出色。有些新行為不是你自然可以展現的，你可能也不完全相信它們是正確的管理或工作方式。舉例來說，若你比較內向，你對自己必須引人注意，可能會感到焦慮。又例如，若你有很強的自我復原力，可能不會自然相信其他人需要指導。你若想練習可確保你未來成功的行為，懂得「裝久成真」的道理，持續扮演好你該扮演的角色是必要的。這就是為什麼在職場上，適時假裝一下是必要，是通往高績效的步驟6。

　　人們對你致力管理自己的形象，抱持著非常開放的態度，尤其是如果你的方向是他們樂見的，而這一點對你有益。人們樂於相信，你現在的行為更像一名主管、在團隊會議裡有自己的觀點，或是更懂得策略思考。他們樂於看到你有所改變，而你應該把握這一點，展現自己不同的一面。每一項新行為，都使你更接近你理論上的最佳績效。

科研結果顯示

有些人天生比較願意假裝，考慮身處某種情況該有何表現時，有些人會問自己：「這種情況想要我做怎樣的人？我如何變成這樣的人？」學者將這些迅速改變的人稱為「變色龍」，原因顯而易見；這些人主要關注如何配合其他人的需求。還有一種人在面對相同的情況時，會問自己：「我是怎樣的人？我如何在這種情況下展現真我？」[2]如果你認為沒什麼比持續展現真我更重要，想要一直保持高績效將會非常困難，因為你們公司或你面對的挑戰都會改變。研究也顯示：

- **假裝這件事，基本上是你可以控制的。**你的核心性格對你有多常假裝僅略有影響。性格較為外向、沒那麼冷靜或沒那麼有自信的人，略微比較可能自然地假裝。這意味著只有少數人比你天生更擅長假裝，而且你直接控制自己假裝多少行為，以及假裝得多好。[3]

- **男性假裝的意願略高於女性**。至於在工作上假裝多少行為，男性與女性的差異不大，但假裝是與其他人磋商和討好別人非常重要的一部分。因為這些事攸關績效評等、升遷和薪酬，假裝因此是男性和女性都應該經常做的事。[4]

- **我們在假裝時，實際上也就將真實的自己隱藏了起來**。在你假裝一種行為時，人們較難看清你的真實性格。雖然這可能正是假裝的目的，但它也顯示，你假裝的行為在許多人眼中就像是真的。簡而言之，假裝是有效的。[5]

由於公司的需求不時改變，隨著職涯發展，你將需要展現不同的行為，再加上你自然的行為並不適合每一種狀況，你必須假裝的場合及次數，很可能比你所想的更多。科學研究顯示，假裝是有效的；那麼，你應該假裝哪些行為？何時假裝？原因何在？

應該怎麼做？

在職業生涯中，有時你將必須展現不是你喜歡的行事作風。例如，有些人的性格，使他們可以輕鬆地冒出頭來成為領袖，但你可能必須主動提醒自己，要爭取別人注意你的成就。你也可能必須相當努力，才能避免凡事親力親為，放手讓團隊完成大部分的工作。為了取得資源或建立關係，你可能必須展現出更大的權威。

在這些情況下，你的行為有助你取得傑出成就；因此，知道哪些行為最重要，以及在必要時假裝這些行為是很有用的。科學研究和我接觸世界各地高層主管的經驗顯示，有三種關鍵情況是你固定的50％因素和個人偏好，可能需要你假裝某一組不同的行為，分別是：

- 你必須冒出頭來成為領袖。
- 你必須成為更有效的領袖。
- 你必須展示權力。

你必須冒出頭來成為領袖

有些行為使你得以冒出頭來成為一名領袖——你的工作得到注意，你與上層重要人物建立關係，[6]另一些行為有助你成為高效能的領袖，使你得以有效地管理團隊、制定策略和促進變革。這兩組行為都是必要的，但在職業生涯的不同階段，你應該重視的行為各有不同。

在此提出有過度簡化之虞的說法：典型的科學研究指出，新進主管靠在組織裡向上、向下和橫向建立關係，使自己與眾不同，而高效能領袖則是靠他們溝通和管理團隊的能力突顯自己。知道何時展現哪一組行為，對成為高績效人士至為重要。[7]

　　如果你剛加入一家公司，或是才開始做某份工作沒多久，又或者你的職涯才剛開始，「冒出頭來」的行為，對吸引別人注意到你是高績效者就至為重要。這些行為吸引別人注意你，使更多人在私人和工作層面上更認識你，因此使你得以冒出頭來成為一名領袖。記住：在你冒出頭來成為一名領袖之前，你不可能是高效能的領袖。固定的50％因素有一部分有利於「冒出頭來」的行為：比較嚴謹、外向和開放的人，在這方面天生占有優勢。即使你天生不擅長展現這些行為，爭取別人的注意仍是必要的，因為只有這樣，你才有機會爭取到公司有限的資源和注意。

　　如果你不認為你應該吸引別人注意，如果你認為工作表現傑出，就足以證明一切，我敦促你再好好想想。別人必須知道你表現出色，必須對你留有好印象，你才可能冒出頭來，事業成功。你們公司想要栽培的明日之星人數總是有限，執行長可以投入工作的時間，以及公司可以分配的總獎金也總是有限。你必須受人注意，才可以從這些東西中，分到合理的一份。

　　要冒出頭來、受人注意，成為一名領袖，有三項關鍵行為是你在必要時應該假裝的：宣揚自己的觀點、交朋友，以及展現自己的抱負。

　　宣揚自己的觀點。良好的工作表現，並不會自然引

人注意，又或者通常不會得到足夠多的人注意。冒出頭
來成為一名領袖，有一項核心條件：你希望自己的成就
受人注意。要做到這一點，最輕鬆的方式就是在重要問
題上有自己的看法，以事實為基礎支持自己的見解，而
且有勇氣暢所欲言，表達自己的觀點。成功冒出頭來
成為領袖的人最常展現的行為，就是勇敢說出自己的
看法，而且在過程中顯得很有自信。如果你的見解很全
面，而且隨著時間推移證實正確，那當然是好事，但第
一步是有自己的想法，並且表達出來。[8]

　　你必須有一定程度的自負，才會尋求別人認同你的
觀點；但是，越過某個臨界點，你就會從希望冒出頭
來，變成妄自尊大。開會時如果有好主意，你應該勇敢
提出來，甚至可能應該事先想出一些好主意，不要容許
別人靠大聲講話蓋過你的發言（女性比較可能容許這種
事），表達意見時，要像你在告訴別人自己的名字時那
麼有自信。[9]不過，你必須小心避免「過度」經營自己
的形象：你致力建立的形象，不可以與你的實際能力過
度脫節。

　　交朋友（或至少認識一些人）。你必須在適當的時
候，讓適當的人看見你，做好這件事涉及社交和業務因
素。社交因素意味著你必須在公司活動中受人注意，與
同儕或重要的上級人物一起吃午餐或喝咖啡，一天當中

有時與其他團隊成員閒聊。你應該將這些活動視為典型的外向行為 —— 你是在和其他人聯繫、使他們覺得自己很特別，致力於建立關係和人脈網絡。[10]

為了受人注意，你也必須做好向上管理。你必須設法使你的上司喜歡你，辦法包括盡可能尋求他們的意見、做好自己的工作，以及要求承擔最受矚目的任務。千萬不要批評上司，尤其是在上司對自己的成就感到自豪的領域。[11]你可能覺得這像在耍政治手段或拍馬屁，事實正是這樣。你可能覺得這種行為不真誠、令人反感，但科學研究和實務明確顯示，它們是成功的關鍵。

你可能覺得這些建議，類似我在步驟4中提出的。建立人脈的策略與冒出頭來成為領袖的策略無疑有所重疊，因此你可以利用我在步驟4闡述的一些關係規劃和管理工具，使自己更有效地冒出頭來成為領袖。

好消息是，拍馬屁是有效的，而且你不大可能做過頭。史丹佛商學院菲佛教授在其著作中，講述了一個希望找出多少奉承才算過頭的實驗。該實驗的假設是，少許的奉承是好事，愈多愈好，但奉承過頭對奉承者有負面影響。實驗結果顯示，沒有奉承過頭這回事：再多的奉承，也不會使被奉承者對奉承者的觀感變差。[12]

展現自己的抱負。這或許顯而易見，但要成為高績效人士，你必須證明自己渴望成功，渴望對組織作出更多貢獻。你可以直接告訴上司，你希望作出更多貢獻，願意為此有所犧牲，堅持適當的行為，交出工作成果。你必須展現自己的競爭優勢——你對個人致勝或激勵團隊取得更大成果的熱情。顯而易見的方法就是，交出極高品質的工作成果，要求自己的團隊達到驚人的高績效標準，以及質疑那些表現不濟的人。

　　這些行為有助你冒出頭來，但要成為高績效人士，它們只是你必須具備的部分條件。如果你只展現突顯自己的行為，你終將被貼上搞政治、自我中心或無能的標籤，你的事業發展也將放慢下來。[13]一旦你成為公司的中階主管或做中層的工作，就應該開始在行為上適當平衡，證明自己是有效的領導人。

你必須成為更有效的領袖

　　新進領袖最關注的是自己。爭取別人注意自己，一般沒什麼問題，但如果你希望承擔更大的管理責任，這可能就成為一種脫軌行為。有效的領導人會收斂自我，將關注焦點轉移到與人合作、借助別人的力量爭取更大的成果。許多主管會自然轉向展現比較傳統的管理者行為，但如果你希望從一名新進主管迅速轉變為有效的領導人，又或者多年來你在組織裡，一直是一名個人貢獻者，可能就必須特別努力，才能夠學會這些行為。

有效的領導人在建立團隊的素質和深度之餘，會花更多時間在日常業務的管理上。[14]下列三招可以使你更快成為有效的領導人：提出明確願景、提升人才素質，以及坦率的指導。

簡潔明瞭地說明願景。明確的願景有助團隊完成必要的變革，提升績效水準。[15]你應該至少每季一次，擬定願景，清楚向團隊傳達。你的願景應包含下列三點：

- **對未來狀態的簡明描述。**傳達願景最簡單、直接的方式，就是利用「從／到」這種句子描述組織的目標：「我們〔公司／部門／地區〕將從為〔這些人〕以〔這種方式〕做〔這些事〕，變成為〔這些人〕以〔這種方式〕做〔這些事〕。」例如：「我們正從一家為北美企業提供技術外包服務，以價格與對手競爭的公司，逐漸轉變為一家高價為全球企業提供全面技術轉型顧問服務的公司。」

- **說明為何必須改變，以及前景為何令人興奮。**向團隊說明，為什麼願景中的未來狀態優於現狀（「我們將成為更強的競爭者」；「我們將做更多尖端工作」），以及為什麼變革是必要的（「如果不這麼做，我們將損失市占率」；「我們很可能會被其他公司收購」；「我們這種公司十年後將不復存在。」）

- **宣傳變革的好處**。你的團隊成員關心公司的未
  來，但他們更在乎自己的前途。你必須說明他們
  在你的願景中，將會得到什麼好處（例如享有更
  多發展機會，以及高績效人士可以獲得更高的薪
  酬。）你必須知道，可能不是人人都喜歡你提出
  的願景，這也是OK的。如果他們清楚了解你的
  願景而且不喜歡，他們就是與公司的未來不契
  合。提出明確願景的好處之一，就是有助員工選
  擇投入工作、與公司共創未來，又或者選擇離開
  公司。

評估並提升團隊人才。有效的領導人知道，出色的
工作成果有賴優秀的人才，因此他們會投入時間建立優
秀的團隊。我教導高潛力經理人提升團隊效能時採用的
一個方法，就是所謂的「買／賣／持有」。這個方法源
自多年前我遇到的某家大型投資銀行的交易部主管，當
時我建議他採用一種複雜的方法分析團隊人才，他對我
說：「馬克，我分析我的團隊，方法一如我分析我的投
資組合。每天我會檢視每個投資部位，問自己想增加投
資、減少投資，抑或維持不變。如果我不做任何改變，
我就是滿意自己的投資組合，因為我想不到如何獲得更
高的報酬。我對我的團隊也做完全相同的事。」

這個方法就是將每一名團隊成員的名字寫在一張紙上，在每一個名字後面寫下「買」（代表你想增加投資在這個人身上）、「賣」（代表你想減少投資或甩掉這個人），或「持有」（維持既有的投資水準）。你大概知道你的團隊必須做何改變，這種做法可以使一切變得更加明確。如果你對每一名團隊成員的評等都是「買」，你就是擁有一支極為優秀的團隊，又或者你必須提高自己的標準。你可以請一名同儕根據相同標準評估你的團隊，看看他們是否得出不同見解。

極其坦率地指導團隊成員。人性使然，我們天生希望與別人好好相處；因此，對人極其坦率，通常會使我們感到不自在。但是，創立高績效團隊的領導人的標誌之一，正是能夠做好這件事。你希望告訴每一名團隊成員，你知道有一件事可以改善他們的績效。列出全部的團隊成員，寫下你認為有助各人提升績效的一件事，在接下來兩週期間，安排自己與每一名團隊成員面談30分鐘。圍繞著你想到的那件事，為他們提供前饋意見，並且提供一些具體的方法，幫助他們掌握這項有益的行為。告訴他們，這項行為將有助他們釋放潛力，取得更高績效。

隨著你轉向有效領導人的行為模式，你可能擔心你的團隊交出優秀的工作成果，你不會得到公平的賞識和報酬。但是，現實中很可能發生的是：當你的團隊交出傑出的成果時，你個人將被視為高績效人士。

　　為什麼一名經理人不能同時展現新進領袖和有效領導人的行為？研究顯示，能夠有效兼顧這兩類行為的經理人不到10％。這些少數的精英，展現出中等程度的新進領袖和有效領導人的特徵。[16]當然，所有人都可能做到這一點，但一個人必須相當努力，才可以維持一種與自身核心性格有所違逆的行為方式。

你必須展示權力

　　權力是改變他人的福祉、財務狀況和態度的能力，有時你必須運用權力才能在組織裡成功。但權力不是你需要它時，馬上就能夠得到，你必須花時間逐漸建立自己的權力。你必須現在就開始做這件事，因為你在自身職涯的某個階段，絕對需要權力。

　　美國前總統詹森，很早就掌握了取得和運用權力的能力，但這對我們很多人來說，可能是很困難的事。我個人就對這件事感到不自在，不過我之前還在企業工作時，一名經理人教練給了我很好的建議。我向他抱怨自己的公司本質上很「政治」，他告訴我：「你們公司正在上演一場政治遊戲，你參與其中。如果你不想玩這場遊戲，就應該退出。如果你想要贏得勝利，就必須精通遊戲規則，配合規則好好玩。」

　　無論是公然玩，還是暗中玩，你們公司就是在玩一種權力遊戲。你可能覺得自己很難假裝有權力，但如果你想要得到地位或資源，就必須展現這種必要的行為。下列三件事，可以幫助你更快獲得更多權力：持續現身、做好向上管理、盡力取悅上司。

　　持續現身。有個非常簡單但有效的方法，可以幫助你獲得權力，那就是一再現身於他人眼前。「單純曝光效應」（mere exposure effect）這個現象證明：別人對你愈是熟悉，對你的印象就愈正面。人們覺得熟悉的事物，比較不會令他們驚訝，他們厭惡風險的本質因此使他們對熟悉的事物較有好感。[17]一個人愈常看到你、聽聞你，以及與你互動，你就愈有可能建立影響這個人的能力。

　　要使別人注意到你，有一些顯而易見的方法，例如在開會時勇於發言（講話內容必須對組織有幫助）、與同儕和上司吃飯或喝咖啡、與上司一起旅行，以及爭取參與重要專案。

　　向上管理。在前面的段落曾經提到，奉承是有助你冒出頭來成為一名領袖的有效策略。奉承同樣有助你建立權力，原因相同：奉承上級人物，可以使他們更喜歡你，而他們愈喜歡你，願意賦予你的權力就愈多，你也許可以掌握更多控制權、預算和專案。[18]向上管理與持續現身類似，但做法有所不同：持續現身是希望吸引很多人注意你，而向上管理則是希望吸引特定少數人的注意。

為了做好向上管理，你必須先辨明掌握權力和資源，可以幫助你的事業更成功的少數人。你的直屬主管是其一，但你還必須找出另外三至四人。如果你已經在組織工作了一段時間，這些人是誰或許顯而易見，但如果不是，你可以請教其他人的意見。你可以問你的上司：「組織裡是否有一些高層主管，是我應該好好認識的？」你也可以問同事：「你認為哪些人，將最快晉升至最高管理層？」

辨明這些重要人物之後，你應該想好某個明確的話題，邀請他們一起喝咖啡或吃午餐。如果你上司表示你應該認識某個人，你可以請上司發個簡短的訊息，向對方表示你倆應該認識認識。如果你正在參與某項專案，而對方是該項專案的發起人，你可以問對方：你是否可以和他討論一些想法？你可以對幾乎每一位高層主管表示，你正在規劃你的職涯或你在公司的下一步。你可以說，因為他們經驗豐富，對公司別有洞見，他們的意見對你很有價值。如果你擔心他們認為，你的行動完全是在逢迎拍馬，別忘了科學研究指出，這是完全沒問題的。

盡力取悅上司。你的上司最有條件賦予你權力，你會希望在上司最關心的領域表現出色。之前提過，科學研究顯示，即使你的工作表現不佳，如果你與上司關係很好，上司仍將覺得你不錯。你應該不時問上司，哪些事情對他最重要，不時就工作上的問題請教他 —— 在展現你的能力之餘，也使他覺得自己很重要。你可以適時在其他人的面前說說上司的好話，他將透過公司的非正式管道聽到這些讚美。如果你說上司的壞話，他同樣會知道。[19]

如果你容許自己適時假裝一下，你將可以在最需要高績效行為的時候，有效展現出這些行為。這意味著，你可能不會一直展現真實的自己，這是OK的，因為你將持續展現高績效人士應有的樣子。

步驟6總結

不過，有兩項影響績效的因素，是你無法假裝的，那就是睡眠和運動。雖然網路上不乏相關「慧見」，但高績效人士只關心科學研究已經證實有效的建議。步驟7如何做好體能管理，將告訴你哪些做法已經證實有效，而哪些事情其實根本不重要。

你可能會遇到的潛在障礙

- **你是要我騙人？** 不是，我只是建議你做一些你不習慣，但有助你成為高績效人士的事。除非你壓根不同意那些行為，否則你只是在學習調整自己的行為，以適應環境，而且你成功之後，可以改回你喜歡的行為方式。如果你真的不同意本章建議的行為，你應該採用你認為可以獲得最佳結果的行為方式。

- **我的演技不好，如何裝得像真的？**你第一次假裝，或許不會表現完美，但第一步就是試著做。只要你多做幾次，通常可以做得更好。遵循本章針對每一種情況提出的建議，適時詢問你的主管、同儕和直屬部屬，了解你的行為是否符合期望。你可以利用步驟2〈堅持適當的行為〉闡述的前饋法，獲得最佳的結果。

- **我可以如何迅速掌握這些行為？**快速學會新行為並不容易，但只要嘗試一種行為愈多次，就能愈快掌握（參見步驟3）。別擔心自己無法快速精通，先專注於在每一種情況下，你可以做的最重要幾件事。如此一來，即便你還不是專家，還是可以在適當的領域投入精力。

✓ 關於如何扮演好職場角色，你應該記得這幾件事

確定的科研結果指出：

- 為了取得最佳結果，我們應該因應不同的情況，展現不同類型的行為。
- 我們全都有能力改變自己的行為；戲劇性的轉變，需要更大的努力，但仍是完全有可能做到的。
- 從致力於冒出頭來成為一名領袖，轉為致力於成為更有效的領導人，是你應該適時進行的一項特別重要的轉變。

你應該：

- 了解在各種情況下，對你的績效最有幫助的關鍵行為。忘記真我，致力於成為最高效能的你。
- 知道假裝只是行為轉變過程的一部分；這是第一輪的練習。
- 評估你的職涯階段、發展需求和所處環境，藉此了解什麼類型的假裝，可以帶給你最大的好處。

試用：

- 前饋流程，藉此了解哪些行為轉變最重要。

如何做好體能管理

在美麗的南加州，你躺在歷史悠久的科羅納多飯店（Hotel del Coronado）附近一座沙灘上。過去兩週和你一起在白沙碧水間度過的一些朋友就在附近。現在是凌晨三點鐘，你跪在沙灘上波線處30分鐘、任由冰冷的海浪拍打身體之後，爬到了現在的位置。你渾身濕透，不由自主地顫抖，雙手嚴重皸裂。因為過去60個小時裡不停操練，你身上每一塊肌肉都充滿乳酸，全身疼痛。你聽到有人透過擴音器大喊，說你應該放棄，去數十米外的地方，享用熱咖啡和甜甜圈。過去三天，你總共只睡了兩個小時。你會怎麼做？

如果你想成為美國海軍海豹部隊的一員，你會堅持下去，在接下來的兩天半內，經歷更劇烈的操練，期間總共僅再睡兩個小時。這些睡眠嚴重不足的海豹部隊學員，正在上基本水中爆破／海豹訓練（Basic Underwater Demolition/SEAL training），這是成為這個精英特種部隊一員的第一步。在這個課程的「地獄週」裡，學員必須在又冷又濕的環境下，完成五天半極端艱苦的操練，期間總睡眠時間不超過四個小時。超過80％的學員，選擇中途放棄去享用熱咖啡和甜甜圈。少數學員堅持到底，達到他們沒想過自己可以達到的身心強韌狀態。

那些完成基本水中爆破／海豹訓練的人，接近自身理論上最佳表現的程度，是我們絕大多數的人永遠無法指望自己達到的。他們在超過五天的時間裡幾乎不睡覺，仍可維持良好的身心狀態，可見我們的身體在承受壓力的情況下完成任務的潛力，遠遠超乎我們的想像。問題是：我們可以如何善用有關人類身體的知識，獲致出色的工作績效？

飲食、運動和睡眠對績效表現的重要性

你的體能是決定你工作績效的一項關鍵因素；正確的飲食、適當的運動和充足的睡眠對你很重要，但你不會只是因為每天睡八個小時、飲食均衡和經常健身，就成為高績效人士。你應該關注的是：科學研究對我們應該如何運用身體提升工作績效有何結論？通往高績效的步驟 7，就是做好你的體能管理。

令人訝異的是，很少科學研究直接將我們的身體狀態，與個人工作績效聯繫起來。僅有的那些科學研究指出，睡眠對工作表現最重要，運動有特定的小作用，而飲食並不直接影響工作績效。但這不代表運動和飲食對你的生活不重要，只是兩者都無法顯著提升你的工作績效。基於這個原因，我們先來討論睡眠。

幾乎人人都看過那種斥責職場專業人士睡眠習慣不好的文章，那些文章鼓勵職場人士每天在涼爽、黑暗、沒有寵物的房間裡，不受打擾地連續睡上八小時，在睡

前不接觸電子裝置。這是個很理想的目標,無疑也是優化睡眠的最好建議,但對我們多數人來說,卻是不切實際的。

高績效人士需要細緻一點的睡眠建議。如果你的目標是將績效和可用時間最大化,你的最佳睡眠策略應該是怎樣的?換句話說,假設每天睡八個小時,對高績效人士最好,如果你只睡六個小時、偶爾通宵工作、睡眠品質不佳或睡太少,那將如何?掌握科學研究的相關結論,你就可以衡量少睡一點以便多出兩個小時來工作或遊戲,但自己的表現和行為可能變差,是否划得來。

科研結果顯示

很多人睡得比自己認為需要的少,因此知道自己應該睡多少,以及如何抵銷睡太少或睡不好的影響,是高績效人士的必要策略。有關睡眠的科學研究,極少探索睡眠不足對工作績效的實際影響。大多數的睡眠研究著眼於人類被剝奪睡眠24小時後的表現如何,而非連續多週每天只睡五至六小時的影響,但後者才是許多職場人士面對的真實情況。雖然資訊不夠完整,還是有一些實用的睡眠建議,可以幫助你逼近自己理論上的最佳績效。我們先從最基本的說起。

睡眠品質

　　睡眠品質有許多不同的定義，但多數定義包含容易
入睡的程度、睡眠深度，以及睡眠中醒來的次數。[1]睡
眠品質與睡眠量的關係不大，這意味著一夜好眠，並不
像你所想的那麼取決於睡多少個小時。[2]

　　睡眠品質對績效的影響大於睡眠量。睡眠問題比較
嚴重的是睡不好，而非睡不夠。睡眠品質不佳，會損害
你的績效、降低你對工作的滿意度，並且令你更常考慮
辭職。睡不夠則完全不會引起這些反應。這或許有助解
釋為什麼有些人每天睡五個小時，還是可以維持良好的
表現，而有些人每天睡八個小時，卻表現不濟。[3]

　　心情不好通常是因為睡不好，而非睡不夠。你有時
會特別煩躁嗎？很可能是因為你睡眠品質不佳，而非睡
不夠。睡眠品質對心情的影響，約為睡眠量的四倍。[4]
科學研究顯示，相對於總時間較長但多次中斷的睡眠，
時間較短的高品質睡眠，可以帶給你更好的心情。[5]

睡眠量

　　雖然科學家研究了很多年，人類自然需要睡多少
的問題，至今仍沒有明確的結論。美國睡眠基金會
（National Sleep Foundation）認為，答案是每天六至十

小時，最好是七至九小時，但有一些科學家認為，六個半至七小時最合適。[6]有一項研究以偏遠部落居民為對象，他們的生活不像都市人那麼忙碌，也不必應付那麼多電子裝置，結果發現他們每天睡六個小時左右。[7]關於我們自然需要多少睡眠，這看來是個合理的參照點。

　　睡眠不足損害你的基本能力，而非高階能力。有關睡眠不足最令人意外的研究發現是：這個問題主要損害你的基本能力，而非高階能力。你可能以為，渴睡會損害你討論複雜問題或做複雜工作的能力，但不影響你開車上班或記住最佳客戶名字的能力，但事實恰恰相反。認清這一點，有助你擬定更好的睡眠策略。確定的科研結果顯示，睡眠不足首先損害你比較基本的能力，而你相對高階的能力則可以維持較佳狀態。這意味著短暫睡眠不足的危險，不在於你將搞砸你必須負責的重要簡報，而是當你開車前往簡報現場時，可能會因為打瞌睡而撞車。

　　不過，雖然在睡眠不足之下，高階能力還是可以維持得相對較好，它們無法保持在最佳狀態。當你睡眠不足時，你發揮創意解決問題的能力將會降低，你的創新能力將會受損，情緒則比較容易波動，溝通能力也會衰退。[8]這些發現是研究連續24小時不睡覺者的結果，因此如果你只是一個晚上睡不好，影響應該不至於那麼大。

　　不能每天只睡五個小時。有些人宣稱每天只睡四至五個小時，是他們的正常情況，包括瑪莎·史都華（Martha Stewart）、唐納·川普（Donald Trump），以及歷史人物如著名發明家愛迪生。如果他們所言屬實，那也只是例外情況。只有約5％的人每天睡眠時間不足六小時，仍可完全正常工作。[9]即使你想長期減少睡眠時間，這還是很困難的。我們的基因控制我們喜歡的起床時間，將這個時間維持在約一個小時之內，因此我們很難訓練自己習慣比身體自然需求短得多的睡眠時間。[10]

如何改善睡眠？

　　高績效人士必須回答下列三個問題，以便管理好自己的睡眠，以維持最佳績效，同時知道在睡眠不足時，應該如何採取適當的彌補措施。

1. 我可以如何兼顧睡眠的質與量？

　　目前仍然沒有科學方法，可以確定我們需要多少睡眠。考慮到科學研究認為，小睡10分鐘可以「替代」一小時的睡眠，每天睡六至七小時（加一次小睡），應該是討論睡眠時間的合理起點。[11]這樣的睡眠時間安排經過一週下來，將導致你累計睡眠不足數小時，而你週末時每晚多睡兩個小時，應該就足以彌補。如果你連續數天睡眠略微不足，可以不必擔心，科學研究指出，相對於連續數天每天睡七個小時，連續數天每天睡五個小時，並不會顯著損害你的能力。[12]

有關如何獲得高品質睡眠的最佳建議，聽起來可能很熟悉，而且你似乎必須像修道士那樣才做得到。你可以試著依序採納下列的睡眠建議：

- **找出適合自己的睡眠時間，堅持奉行。** 每天都在固定的時間睡覺和起床，由於大腦的運轉是有節奏的，改變睡覺或起床的時間，可能令你的大腦混亂，以致你即使睡得不錯，仍可能渴睡。

- **睡前六小時內，不要攝取咖啡因。** 咖啡因的刺激作用，比你所想的更持久，需要約五至六個小時，作用才會減少50％。[13] 如果你在下午六點喝完最後一杯咖啡，到午夜時仍將感受到一些刺激作用。你或許會說：「我就算喝完一杯雙份義式濃縮咖啡，還是可以馬上入睡。」但馬上入睡不代表睡得好，而如果睡眠品質不佳，你第二天情緒不穩的可能性將會大增。[14]

- **睡前三小時內別喝酒。** 一如咖啡因，酒精也會影響你的自然睡眠週期，因為酒精使你的身體暖和起來，令你進入深度睡眠，而非促進身體復原的快速動眼期（REM）睡眠。

- **睡前吃高碳水化合物餐**。睡前四小時內吃較高碳
  水化合物的一餐，有助你較快入睡。[15]

這些科學研究發現都具啟發性，理論上對我們有幫助，但要實際奉行相當困難。你的睡眠時間可能無法達到理想的水準，又或者你經常在床上輾轉反側，以致睡眠品質低落。科學研究對這些問題也有答案，有助你了解如何維持競爭優勢，即使你遇到睡眠困難。

2. 如果我的睡眠品質不佳，或是我知道睡眠品質將會不好，可以如何確保第二天仍將表現出色？

即使你的睡眠品質不夠好，如果採取下列這些簡單、可控制的措施，還是可以維持出色的工作表現。

- **擁有自覺**。當你的睡眠品質低落時，你可以提醒自己，你可能心情會比較差，更常出現負面的想法，例如「沒人賞識我」，「我不喜歡自己的工作」等。如果你晚上沒睡好，走進公司時，記得告訴自己：「我知道你沒睡好，所以要提醒你，今天在做事和與人互動時，務必表現得正面一點。」擁有自覺之餘，你可以告訴你比較親近的幾個人，例如你的助理、公司裡最要好的同事等，你昨晚沒睡好，請他們在你情緒不穩或行為失禮時，務必提醒你。這是高績效人士與其他人

的一個差別：高績效人士知道自己做得不對時，會努力改正，而不是期望別人原諒自己。

- **注意飲食。**低血糖可能令你情緒更不穩定，因此你應該設法維持血糖穩定一整天，以免睡眠品質低落影響你的表現。食物營養研究指出，高碳水化合物和高纖維早餐對此最有幫助，而且有助防止你在這一天餘下時間裡吃太多。[16] 如果你覺得這種早餐不好吃，可以考慮吃燕麥片，而非吃很乾的雜糧吐司。你不喜歡吃早餐嗎？沒問題，但請注意：如果因為睡不好而喝超過正常分量的咖啡或茶來提神，咖啡因可能導致你的情緒更加不穩。

- **早上做比較劇烈的運動。**後面的段落會提到，睡不好時對你最有幫助的運動，是比較劇烈、時間較長的那種，但效果僅限於你運動的那一天。好消息是，運動不但對你有幫助，對你的上司也有幫助。一項研究顯示，主管如果早上有運動，比較不會出現粗暴的行為。[17]

3. 如果我睡得不夠多，或是我知道自己將睡得不夠，可以如何確保第二天還會有好表現？

前文提過，睡太少顯著影響我們的基本能力，但不怎麼影響我們的高階能力。既然如此，什麼方法最能夠有效減輕影響？好在科學家恰恰研究了這個問題：小睡和攝取咖啡因這兩個睡不夠的人經常使用的方法，哪個比較有效？研究結果顯示，小睡比較有效。

- **小睡一下，絕對是彌補睡眠不足、避免工作表現受損的最好方法。**在逼真的實驗中，研究者將實驗參與者的睡眠時間限制在五個小時之內，然後容許他們小睡，時間介於30秒至30分鐘之間。結果顯示，小睡10分鐘效果最好；小睡較短或較長的時間，不會使你的意識變得更敏銳或使你更清醒。[18]如果你是希望改善工作表現，而非只是保持警覺，小睡比攝取咖啡因有效得多。[19]

- **攝取咖啡因主要是對你的人身安全、而非工作績效有幫助。**科學研究明確指出，睡太少對大腦基本功能（警覺性、反應速度、注意力）的損害較大，而攝取咖啡因能夠最有效改善的，恰恰正是這些功能。[20]在所有食物中，富含咖啡因的食物，可以帶給你一些明確、廣泛的好處，例如加快反應速度、減少疲勞、改善情緒、增強工作記憶等，直接影響你的工作表現。你不會只因為攝取咖啡因，就變成更好的推銷員、程式設計師或經理人，但你將會比較清醒、有警覺性，更有能力正常工作。為了獲得這些好處，建議你一天喝一至八杯茶，或是一至四杯咖啡。[21]

記住，長期睡眠不足，會使幾乎所有問題惡化，包括糖尿病、肥胖，以至發生交通事故。這裡建議的方法，都不是要取代盡可能經常睡好睡飽。

如何藉由運動提升工作表現？

你應該經常聽到這種忠告：節制飲食、適當運動；節制飲食、適當運動。如果你想要健康長壽，這是很好的建議，但我們在這裡要解答的關鍵問題是：有沒有證據顯示，節制飲食、適當運動，有助於改善工作表現？

研究顯示，睡好睡飽可以直接顯著改善你的工作表現，運動的作用則是小得多，而且主要是比較長期的。但這不是說運動不重要，與睡眠不同的是，少做一點運動，並不會顯著或立即損害你的工作表現。科學研究指出：

- **運動對你的執行功能幫助最大。**執行功能幫助你規劃事情、管理自己，以及追求實現目標。這是好事，因為這些功能可以造就高績效。運動可以有限度地增強你的執行功能，但對大腦比較基本的功能，則沒有顯著的作用。[22]

- **你不會因為運動而記得更多東西。**在你運動的那一天，記憶力可以略微增強，但長期運動只能略微增強短期記憶，對長期記憶完全沒有影響。[23]

- **運動製造出一種良性循環。**運動有助身體強健者改善工作表現，但對健康狀況一般的人完全沒有幫助。健康不好的人運動，執行功能反而會變差。[24]

- **較長時間的運動比較有幫助。**不足20分鐘的運動，對當天的工作表現沒有幫助；不足11分鐘的運動，甚至會損害你當天的執行功能。

- **比較劇烈的運動更有用，但僅限於早上運動。**劇烈運動對大腦的好處是溫和運動的兩倍，有氧運動結合阻力運動，效果遠優於單純的有氧運動。[25]奇怪的是，只有早上運動才可以對當天的工作表現，產生可測量的好處。[26]

那麼，你可以如何利用運動提升工作表現？

- **劇烈運動 —— 結合有氧和阻力運動。**一項統合分析顯示，做至少20分鐘的劇烈運動，結合有氧和阻力運動，當天的執行功能表現較佳。輕鬆運動，例如在跑步機上慢跑15分鐘，則沒有這種效果。如果只做有氧運動或阻力運動，效果不如結合這兩種運動。[27]

- **結合運動和咖啡因。**運動對大腦基本功能完全沒有影響，如果你能夠結合運動和攝取咖啡因，同時增強你的基本和高階能力，你的工作表現將能獲得最顯著的進步。

飲食

　　一如運動，飲食健康可以帶給你許多長期好處，但沒有科學證據顯示，某些食物或飲食方式可以直接改善工作表現。只有咖啡因證實能夠可靠地幫助你提升表現，雖然也有一些合法的物質，包括處方藥和營養補充劑，科學上證實可以增強你的大腦功能，但我建議你先致力於做好本書建議的8個步驟。

步驟7總結

　　如何管理體能，是你完全可以控制的，但做好這件事主要是避免績效受損，而非提升績效。有關睡眠和運動的一些事實，或許是你熟悉的，但高績效人士必須更有策略地採納相關建議。如果你的睡眠策略失敗，你出色的工作表現、在個人成長上的投資和出色的行為，全都可能受損。好在科學研究並沒有說，高績效人士需要奧運選手那種程度的運動，或是青少年那種睡眠品質。每天在涼爽、安靜的房間裡睡六或七個小時，早上做一些劇烈運動，應該可以有不錯的效果。

　　你現在已經掌握了7個步驟，可以創造出一條直接通往高績效、你可以控制的路徑。你只需要再注意一件事：不要輕易被管理風潮迷惑，以避免你的績效受損。

製造那些管理風潮的人，有些是善意的，有些則是別有企圖，但這些風潮都會損害你成為高績效人士的能力。步驟8〈避免分心〉將告訴你，應該提防哪些最熱門的管理風潮。

你可能會遇到的潛在障礙

　　你可以控制自己睡多少、多常運動，因此這一章沒有相關問答。如果你需要有關睡眠策略的具體建議，可以在美國睡眠基金會的網站：www.sleepfoundation.org，找到最好的意見。

✓ 關於體能管理，你應該記得這幾件事

確定的科研結果指出：

- 睡眠品質比睡眠量更重要；每天睡六至七個小時，應該是最合適的。
- 睡眠不足首先損害你的低階能力。
- 科學研究證明，小睡一下和攝取咖啡因，可以部分彌補睡眠品質和睡眠量的不足。

你應該：

- 遵循美國睡眠基金會有關如何睡好睡飽的指引。
- 在沒有睡好時，告訴一些同事，以便他們提醒你

注意你的言行（而不是作為你出現失禮行為的藉口）。

- 小睡10分鐘（若有可能的話）和攝取咖啡因，藉此彌補睡眠品質或睡眠量的不足。
- 早上做一些劇烈運動，藉此略微提升你日間的工作表現，並且部分彌補睡眠品質的不足。

避免分心

如果每一本暢銷商管書、每一場受歡迎的 TED Talk 所講的都是真的，成為高績效人士將會容易得多。你只需要看過《華爾街日報》選出的十大商業暢銷書，完全遵循每一本書的建議，就能夠獲得空前的成就。不幸的是，不曾有人告訴大家那些書籍和演講，哪些充滿慧見、哪些充斥著尚未證實有效的建議，以及其中哪些觀點在科學上已經證實錯誤，直到本書面世。

你通往高績效的最後一步，就是避免因為一些管理方面的風潮而分心，以致未能專注奉行科學上已經證實可以改善績效的方法。許多這種風潮提出的建議，看似可以使你的生活變得更輕鬆一點（例如專注你的強項）、迅速提升你的表現（選擇成長心態），或是令你立刻變得充滿自信（擺出高權勢姿勢）。它們都有很好的行銷資源，往往有著名商學院魅力十足的教授，在典型的 TED Talk 裡宣傳相關概念。它們往往有科研論文支持主張，但那些科研發現很快就被證明是言過其實（例如 EQ）、新瓶舊酒（恆毅力），又或者根本就是錯誤的（再提一次，高權勢姿勢）。

打破這些流行迷思

你追求成為高績效人士的努力，不應該因為流行但可疑的管理建議而脫軌。那些建議不但無助你逼近自己

理論上的最佳表現，還浪費你寶貴的時間，令你無法專
注奉行本書提出、已經證實有效的前7個步驟。本章概
述一些流行的管理謬論，指出它們錯在哪裡，說明你應
該怎麼做。

　　所有被宣傳為可以迅速、輕鬆改善績效的建議，高
績效人士都應該審慎評估。在相信任何說法之前，想想
它們是屬於調查研究、科學研究，抑或確定的科研結
果。好得令人難以置信的東西，往往都是假的，包括下
列這些。

請不要只是專注於你的強項

　　蓋洛普（Gallup）賣出了數百萬本宣稱專注於你擅
長的事（或你希望擅長的事），可以令你更成功的書。
它將這些事稱為你的「強項」。專注於自己的強項，似
乎是快樂工作的好建議，你不必面對阻礙你進步的殘酷
事實，也不必冒險嘗試可能失敗的新做法。但是，宣傳
這種概念的人，無法提出專注於強項的人可以提升績
效，或是更有效發展的科學證據。我曾要求蓋洛普相關
部門提供支持這個概念的科學證據，他們提供的「強項
工具」累積了超過十年的數據，但他們表示，他們沒有
科學證據可以證明，這個概念是有效的。

　　另一方面，有研究顯示：（1）隨著我們在組織裡

晉升至較高層級，我們賴以成功的行為將會改變；因此，我們現在的強項，在未來可能變得無關緊要；（2）我們的強項其實比我們所想的少（如果我們將強項定義為自己顯著比別人做得更好的事）；（3）我們的弱點（步驟2所講的「脫軌行為」）會拖慢或終止我們的事業發展。[1]專注於你的強項，有助你將現在就擅長的事做得更好，但無助你做好任何其他事。

你真正應該做的是：你的強項之所以是你的強項，是拜你的性格、職涯路徑和興趣所賜 —— 它們一直都將是你的強項。如果你太賣力展現你的強項，將製造出脫軌行為（步驟2提過，原本正面的行為如果太常出現，可能會變成脫軌行為。）你應該持續傾聽別人的意見，了解自己應該改善哪些技能和行為，才可能更成功。周遭的人將樂於告訴你，你應該致力於改善哪些地方，步驟2也解釋了你可以如何輕鬆蒐集各方意見，據此迅速改變自己的行為。

EQ不是卓越領導力的可靠指標

如果我們更好地管理自己的情緒，並且更準確地察覺其他人的情緒，我們的工作表現將能改善 —— 這個概念非常符合我們的直覺。坊間很多人宣傳的情緒智力，幾乎完全源自性格，屬於我們固定的50％因素，而它預測工作表現的作用，絕不大於性格。[2]研究性格的著名學者湯瑪斯‧查莫洛－普雷穆茲克（Tomas Chamorro-Premuzic）評論道，情緒智力只是以比較漂亮的包裝紙，重新包裝並不吸引人的性格元素：「即使EQ基本上是新瓶舊酒，至少那些酒不錯喝。」[3]

過度重視情緒智力，甚至可能製造出心理病態（psychopathy）：你因為太了解其他人的情緒，變得喜歡操縱他人和欠缺同理心。[4]在某些情況下，情緒智力可以彌補智商之不足，但如果智商偏低，你在追求高績效的路上，將會遭遇艱難得多的挑戰。[5]

你真正應該做的是：了解別人怎麼看你管理自己和他人的情緒，並且糾正有害的行為是有益的。做好這些事以獲得成功，並不是與智商不同的另一種智力，關鍵就只是展現同儕重視的行為方式。如步驟2提到，有些人雖然情緒智力看來較低，但非常成功。你應該遵照步驟2提出的做法，獲得直接或間接的回饋，了解你信任的同事最希望你改變哪些行為。

一萬小時的練習，既令人疲累又無關緊要

我在本書序文中提過這點，現在我們來「蓋棺」吧！因為葛拉威爾的暢銷書《異數》，任何人練習一萬小時就能精通一項技術的迷思廣為流傳。科學研究指

出，這根本不是真的。針對棋手和樂師的研究顯示，他們的表現只有不到三分之一取決於練習時數。[6]另一些科學研究顯示，奧運選手和頂尖棋手兒童時期的表現，就已經遠遠優於同儕，而他們在那個時候尚未累積很多練習時數。[7]這意味著練習有用，但練習並非像某些人宣稱的那樣，一定可以神奇地提升績效。

你真正應該做的是：認清事實，那就是天賦加上大量練習，可以大有成就。沒有天賦但大量練習，可以在週末展現不錯的反拍或跳投。

你不可能光靠看一本書，就培養出恆毅力

近期另一本暢銷書（和一場熱門的TED Talk），聚焦於所謂的「恆毅力」（grit），作者宣稱這是她發現造就高績效的一項新因素。她將「恆毅力」定義為「對實現長期目標的堅持和熱情」。[8]這種說法的問題是：科學研究顯示，恆毅力幾乎完全是「嚴謹性」這個著名性格因素，因此無疑屬於固定的50％因素。[9]

我們知道嚴謹性可以造就高績效，因此《恆毅力》作者的說法其實毫無新意。你的核心恆毅力（嚴謹性）水準是固定的，所以有些人總是天生比你更具恆毅力。你當然可以更努力地專心工作、避免分心，但這實在不是什麼新方法，而且嚴謹性較低的人，其實很難做得到。

　　你真正應該做的是：利用步驟1提出的方法設定大目標，專注於幾項對你而言最重要的目標。如果你專注於三項重要承諾、而非十項，你將沒那麼容易分心。替每一項目標設定明確的時限，使自己集中精力完成任務。你可以考慮替每項目標加入中點措施（midpoint measures），這能確保你定期測量、修正自己的進度，而你將因此展現出堅持的毅力。

為了結果展現適當的行為，未必要「真誠」

　　如果不當「真誠的領袖」就只能當「不真誠的領袖」，我們似乎很難反對「真誠的領導」。或許正因如此，「真誠領導」這個概念，才會那麼受領導人和顧問歡迎。

　　這個概念始於暢銷書《真誠領導》（*Authentic Leadership*），這本書宣稱美國企業界陷於領導危機中，需要更多真誠的領袖 —— 開放、自覺和真誠的領袖，帶領國家前進。在史丹佛、歐洲工商管理學院和華頓商學院的著名學者批評該概念之後，該書作者表示：「真誠領導的精髓是情緒智力。」[10]這意味著，真誠領導是以不可靠的情緒智力為基礎。此外，真誠的領袖不會刻意裝出某些領導行為，即使科學研究顯示，你在擔任領導人的各個階段，假裝某些行為有時不但是可行的，還是有益的。

你真正應該做的是：「了解自己，以成為更好的領袖」，這無疑是一項有益的建議，你可以利用步驟2的建議做到這件事，但不要以為別人總是需要看到不加修飾的你。了解在特定情況下別人需要你怎麼做，然後盡力配合，會是好得多的做法。步驟6說明此中原因和實際應該怎麼做。

成長心態很好 —— 但僅限於兒童

「成長心態」（growth mindset）是很受某些矽谷人士歡迎的概念，他們認為這是成功的關鍵。[11]《心態致勝》（*Mindset*）這本書指出，抱持成長心態的人相信，我們總是可以提高自己的智力，而抱持固定心態的人則是相信，我們是怎樣的人是不會改變的。這個概念的粉絲認為，如果你從固定心態轉為成長心態，你將幾乎無所不能。他們也宣稱，抱持成長心態是提升表現的唯一方法，雖然《心態致勝》作者自己的研究顯示，抱持其他心態也可以提升表現。[12]

該書作者支持成長心態概念的研究相當有趣，而且是可應用的 —— 對兒童來說。那本書的主要研究是在學校教室裡、以小孩子為對象做的，並不是以大腦已經發育完成的成年人為研究對象。[13] 兒童的大腦仍在成長，他們在兒童階段因此仍然可以變得更聰明（提高智商），但成年人的智力基本上是固定的。35歲或40歲的人，無論多麼努力嘗試顯著提高智商，都是無法成功的。[14]此外，你是否天生抱持成長心態，也受到性格影響，而性格屬於固定的50％因素。[15]這一點加上固定的智商，意味著轉為抱持成長心態是頗大的挑戰，遠比說出「我想我做得到」困難。

你真正應該做的是：如果你想取得超乎自身想像的成就，或是突破績效障礙，請遵循本書8個步驟的建議，從設定具挑戰性的重大目標開始。你不會因為這麼做而變得更聰明，但相對於只是改變心態，你的成就很可能將會大得多。

權勢姿勢可能是歷來最蠢的管理風潮

一如許多管理風潮，權勢姿勢概念面世，除了有一篇科學論文支持，還有一場 TED Talk。相關研究據稱顯示，一個人如果站著擺出比較進取的姿勢，其睪丸酮水準會上升。那篇論文的作者宣稱：「擺出高權勢姿勢的人，睪丸酮水準上升，腎上腺皮質醇水準降低，覺得自己更有力量，而且可以承受更大的風險；擺出低權勢姿勢的人，則是呈現相反的形態。」[16]換句話說，你只要站著擺出正確的姿勢，你將覺得自己已經準備好承擔最艱難的任務。

這聽起來很酷，但它完全是假的。那篇論文的一名共同作者承認，他們的實驗並未得出那樣的結果，而其他學者試做相同的實驗，也無法得出這種結果。[17]但是，那段TED Talk的影片，還是吸引了超過5,000萬人觀看，而權勢姿勢概念也變成了一個當代傳奇。

你真正應該做的是：喜歡擺什麼姿勢都可以，反正沒關係。

你可能會遇到的潛在障礙

- **我沒有心理學博士學位，如何能夠區分事實與風潮？**這是我經常聽到的問題；雖然不容易，但有幾件事是你可以試著做的。首先是，參考本書序文有關如何區分調查研究、科學研究和確定的科研結果的說明，這有助你認清一件事：有博士學位的人所講的話，未必就是正確的。

   你應該要求提出觀點的人，提供支持概念的科學證據，如果他們提出的證據是名牌公司的背書（「Google採用這個方法，所以一定是對的」）、個人經驗（「我在四家不同的公司採用這個方法，全都有效」），或非科學論文（「《浮華世界》雜誌上個月有一篇很好的文章談論這個概

念」），你應該忽視那些說法。你應該當一名抱
持懷疑態度的消費者，了解許多好到令人難以置
信的東西，很可能就是假的。

- **多方嘗試新事物，有什麼問題呢？**對可能有助提
升表現的新方法保持開放的心態，是很好的。但
是，心態開放之餘，也要抱持合理的懷疑，知道
宣稱方法有效，必須要有證據支持，最好不要急
著當第一個試用者。我們對人類的工作績效，已
經擁有很多的認識，因此合理的做法是先採用已
經證實可造就高績效的方法，而不是期望有人發
明了神奇的新方法。有關工作績效的既有證據非
常多，這也意味著宣稱發現新方法的人，必須提
出說服力極強的證據。

- **公司要求我採用的方法，正好就是你前面列出的
管理風潮之一，我該怎麼做才好？**你應該當一名
好員工，遵循公司的要求，除非你有條件可以反
對公司主張採用的工具、著作或產品。不過，你
對相關評估產生的結果，應該抱持懷疑的態度。

結語
高績效是一種選擇，
專注於你可以改變的！

　　在通往高績效的路上，我們每個人的起點各有不同。有些人得天獨厚，固定的50％因素賦予他們許多天生的績效優勢。例如，你可能出生在先進國家的中上階層家庭，在很好的學校受教育，在成長過程中，也沒遇到什麼重大的個人困難。有些人則在起步時，就已經顯著落後，原因可能是家庭、經濟、健康或社會方面的問題，又或者是公然或微妙的歧視。已經發生的事，全都無法改變，因此你應該將過去的經歷，轉化為追求高績效的動力。雖然每個人的起點不同，但你可以控制終點的位置。

　　我在本書前言中提到，如果年輕時有人告訴我如何在工作上大獲成功，那該多好。本書正是做了這件事。你現在已經確切知道，哪些方法已經證實可以幫助你成為高績效人士，而且掌握了成功應用相關建議的工具和洞見。本書闡述的8個步驟是明確、有力、科學上已經證實有效的。

我承認，這8個步驟貌似相當簡單，但要實際做到並不容易。你必須相當努力，個人要有所犧牲，才能確實做到。這當然是OK的，因為如果很容易做到，成為高績效人士就不會那麼令人滿足。你可以選擇要完成多少個步驟，但請注意：你付諸實行的步驟愈多，愈有希望顯著改善績效。每一個步驟都有立竿見影的效果，因此我建議你選擇一個步驟，今天就採取行動。

高績效是一種選擇，你應該專注於自己可以改變的，並且忽視其餘的一切！

附錄
自我評估工具與十項性格量表

英文版

繁中版

　　取得英文版的工具，請上www.the8steps.com，點選「讀者入口」（Reader Portal）標籤頁面，然後輸入密碼：highperformer，便可下載。

序文　如何成為高績效人士？

- 線上智力測驗連結
- 8步驟快速檢查（8-Steps Quick Audit）

步驟1　設定大目標

- 作業：將任務結合成目標（Combine Tasks into Goals）
- 作業：替目標排出優先次序（Prioritize Goals）

步驟2 **堅持適當的行為**

- 霍根脫軌行為小評估（Hogan Derailer: Mini-Assessment）
- 十項性格測驗和評分方法（本附錄後半部也有）

步驟3 **保持快速的自我成長**

- 個人經驗圖（Experience Map）範本
- 個人經驗圖空白表格

步驟4 **人脈很重要，有效建立並運用關係**

- 人脈經營計畫表（Connection Planning Sheet）範本
- 人脈經營計畫表空白表格

步驟5 **盡可能與公司需求契合**

- 契合矩陣評估表（Fit Matrix: Assessment）

十項性格量表

這項性格評估只有十個項目，只需要花一分鐘就能夠完成，但科學上已經證實，它和需要花上半個小時的完整性格測驗，幾乎一樣準確。[1]你或許會想要多做幾次，算出平均分數，以便得到最準確的結果。這項評估有助你了解你的自然傾向，但不要把結果當作自身行為的藉口。它有助你看清自己的「本色」，而一個人的本色，並非行為的極限。

下列一些描述可能適用於你，也可能不適用。請根據後方所附的評分標準，在每一組描述的旁邊，寫下一個數字，代表你同意或不同意那組描述的程度。每一組描述有兩項特質，你應該評估它們整體而言適用於你的程度，雖然兩項特質適用的程度可能有差別。

我認為自己：

1. _____ 外向、熱情
2. _____ 愛挑剔、愛爭吵
3. _____ 可靠、自律
4. _____ 焦慮、易怒
5. _____ 對新事物持開放態度、複雜
6. _____ 含蓄、安靜
7. _____ 有同情心、溫暖
8. _____ 沒條理、粗心
9. _____ 沉著、情緒穩定
10. _____ 傳統、欠缺創造力

評分標準

1＝非常不同意　　　　5＝略微同意

2＝一般不同意　　　　6＝一般同意

3＝略微不同意　　　　7＝非常同意

4＝既非同意，也非不同意

如何計算分數

計分涉及一點數學，但很簡單，請參考下列例子。

例子：外向性

寫下第1題的答案：6

算一下8減去第6題的答案：8 － 4 ＝ 4

將上面兩個數字加起來：6 ＋ 4 ＝ 10

結果除以2，就是你的外向性分數：10÷2 ＝ **5**

外向性

寫下第1題的答案：＿＿＿＿＿＿

算一下8減去第6題的答案：8 －＿＿＿＿＿＿＝＿＿＿＿＿

將上面兩個數字加起來：＿＿＿＿＿＿＋＿＿＿＿＿＝＿＿＿＿＿

結果除以2，就是你的**外向性**分數：＿＿＿＿＿÷2＝＿＿＿＿＿

親和性

寫下第7題的答案：＿＿＿＿＿＿

算一下8減去第2題的答案：8 －＿＿＿＿＿＿＝＿＿＿＿＿

將上面兩個數字加起來：＿＿＿＿＿＋＿＿＿＿＿＝＿＿＿＿＿

結果除以2，就是你的**親和性**分數：＿＿＿＿＿÷2＝＿＿＿＿＿

嚴謹性

寫下第3題的答案：＿＿＿＿＿＿

算一下8減去第8題的答案：8 －＿＿＿＿＿＿＝＿＿＿＿＿

將上面兩個數字加起來：＿＿＿＿＿＋＿＿＿＿＿＝＿＿＿＿＿

結果除以2，就是你的**嚴謹性**分數：＿＿＿＿＿÷2＝＿＿＿＿＿

情緒穩定性

寫下第9題的答案：＿＿＿＿＿＿＿

算一下8減去第4題的答案：8 －＿＿＿＿＿＿＿＝＿＿＿＿＿＿＿

將上面兩個數字加起來：＿＿＿＿＿＿＿＋＿＿＿＿＿＿＿＝＿＿＿＿＿＿＿

結果除以2，就是你的**情緒穩定性**分數：＿＿＿＿＿＿＿ ÷2 ＝＿＿＿＿＿＿＿

經驗開放性

寫下第5題的答案：＿＿＿＿＿＿＿

算一下8減去第10題的答案：8 －＿＿＿＿＿＿＿＝＿＿＿＿＿＿＿

將上面兩個數字加起來：＿＿＿＿＿＿＿＋＿＿＿＿＿＿＿＝＿＿＿＿＿＿＿

結果除以2，就是你的**經驗開放性**分數：＿＿＿＿＿＿＿ ÷2 ＝＿＿＿＿＿＿＿

請上 www.the8steps.com 查看你各項分數代表什麼，並且利用「十項性格量表調查基準」（TIPI Norms），了解你和其他人相比的情形如何。

個人經驗圖

我的目標是在＿＿＿＿＿＿＿＿＿之前做到＿＿＿＿＿＿＿＿＿。

從：＿＿＿＿＿＿＿＿＿＿＿＿＿＿＿＿＿＿＿＿＿＿

到：＿＿＿＿＿＿＿＿＿＿＿＿＿＿＿＿＿＿＿＿＿＿

我需要的職能經驗	我需要的管理經驗
1.	1.
2.	2.
3.	3.
4.	4.
5.	5.
6.	6.
7.	7.
8.	8.

我的計畫可能會遇到的障礙：　　　**我打算如何克服障礙：**

-
-
-

個人經驗圖

我的目標是在＿＿＿＿＿＿＿＿＿＿之前做到＿＿＿＿＿＿＿＿＿＿。

從：＿＿＿＿＿＿＿＿＿＿＿＿＿＿＿＿＿＿＿＿＿

到：＿＿＿＿＿＿＿＿＿＿＿＿＿＿＿＿＿＿＿＿＿

我需要的職能經驗	我需要的管理經驗
1.	1.
2.	2.
3.	3.
4.	4.
5.	5.
6.	6.
7.	7.
8.	8.

我的計畫可能會遇到的障礙：　　　**我打算如何克服障礙：**

- ・
- ・
- ・

個人經驗圖

我的目標是在＿＿＿＿＿＿＿＿＿＿之前做到＿＿＿＿＿＿＿＿＿。

從：＿＿＿＿＿＿＿＿＿＿＿＿＿＿＿＿＿＿

到：＿＿＿＿＿＿＿＿＿＿＿＿＿＿＿＿＿＿

我需要的職能經驗	我需要的管理經驗
1.	1.
2.	2.
3.	3.
4.	4.
5.	5.
6.	6.
7.	7.
8.	8.

我的計畫可能會遇到的障礙：　　　我打算如何克服障礙：

· 　　　　　　　　　　　　　　　·

· 　　　　　　　　　　　　　　　·

· 　　　　　　　　　　　　　　　·

個人經驗圖

我的目標是在＿＿＿＿＿＿＿＿＿＿＿之前做到＿＿＿＿＿＿＿＿＿＿＿。

從：＿＿＿＿＿＿＿＿＿＿＿＿＿＿＿＿＿＿＿＿＿＿＿

到：＿＿＿＿＿＿＿＿＿＿＿＿＿＿＿＿＿＿＿＿＿＿＿

我需要的職能經驗	我需要的管理經驗
1.	1.
2.	2.
3.	3.
4.	4.
5.	5.
6.	6.
7.	7.
8.	8.

我的計畫可能會遇到的障礙：　　　**我打算如何克服障礙：**

-
-
-

人脈經營計畫表

年   月

內部	關係強度	上次聯繫	下次聯繫	重要事項／筆記

外部	關係 強度	上次 聯繫	下次 聯繫	重要事項／筆記

人脈經營計畫表

年　　月

內部	關係強度	上次聯繫	下次聯繫	重要事項／筆記

外部	關係強度	上次聯繫	下次聯繫	重要事項／筆記

人脈經營計畫表

年　　月

內部	關係強度	上次聯繫	下次聯繫	重要事項／筆記

外部	關係強度	上次聯繫	下次聯繫	重要事項／筆記

人脈經營計畫表

年　　　月

內部	關係 強度	上次 聯繫	下次 聯繫	重要事項／筆記

外部	關係 強度	上次 聯繫	下次 聯繫	重要事項／筆記

人脈經營計畫表

年　　　月

內部	關係強度	上次聯繫	下次聯繫	重要事項／筆記

外部	關係強度	上次聯繫	下次聯繫	重要事項／筆記

人脈經營計畫表

年　　月

內部	關係強度	上次聯繫	下次聯繫	重要事項／筆記

外部	關係強度	上次聯繫	下次聯繫	重要事項／筆記

人脈經營計畫表

年　　月

內部	關係強度	上次聯繫	下次聯繫	重要事項／筆記

外部	關係強度	上次聯繫	下次聯繫	重要事項／筆記

注釋

前言　一份小禮物：眞正有效的成功8步驟

1　統合分析檢視針對某個類似主題所做的許多不同研究，
　　目的是了解這些研究是否得出類似的結論。如果所有研
　　究都得出類似的結論，結論在科學上正確的證據，就可
　　說是相當強。

序文　如何成爲高績效人士？

1　約25％為智力。Frank L. Schmidt and John Hunter, "General
　　Mental Ability in the World of Work: Occupational Attainment
　　and Job Performance," *Journal of Personality and Social
　　Psychology* 86, no. 1 (2004): 162. 約10％～ 20％為性格因素。
　　Murray R. Barrick, Michael K. Mount, and Timothy A. Judge,
　　"Personality and Performance at the Beginning of the New
　　Millennium: What Do We Know and Where Do We Go Next?,"
　　International Journal of Selection and Assessment 9, no. 1-2
　　(2001): 9-30. 約5％為社經背景和身材樣貌。這些因素有些
　　互有關聯，我將在本書其他地方引用個別事實。

2　John E. Hunter, Frank L. Schmidt, and Michael K. Judiesch,
　　"Individual Differences in Output Variability as a Function
　　of Job Complexity," *Journal of Applied Psychology* 75, no. 1
　　(1990): 28.

3 Boris Groysberg, Jeremiah Lee, Jesse Price, and J. Yo-Jud Cheng, "The Leader's Guide to Corporate Culture," *Harvard Business Review*, January–February 2018.

4 Tim Ferriss, "Relax Like a Pro: 5 Steps to Hacking Your Sleep," http://fourhourworkweek.com/2008/01/27/relax-like-a-pro-5-steps-to-hacking-your-sleep/, accessed August 4, 2017; Christopher Shea, "Empty Stomach Intelligence," *New York Times Magazine*, December 10, 2006, http://www.nytimes.com/2006/12/10/magazine/10section1C.t-1.html?_r=0.

5 Malcolm Gladwell, *Outliers: The Story of Success* (Vancouver: Hachette, 2008).

6 David Z. Hambrick et al., "Accounting for Expert Performance: The Devil Is in the Details," *Intelligence* 45 (2014): 112–114.

7 M. J. Ree and J. A. Earles, "Intelligence Is the Best Predictor of Job Performance," *Current Directions in Psychological Science* 1, no. 3 (1992): 86–89.

8 Joseph D. Matarazzo, *Wechsler's Measure and Appraisal of Adult Intelligence*, 5th ed. (New York: Oxford University Press, 1972).

9 Huy Le et al., "Too Much of a Good Thing: Curvilinear Relationships between Personality Traits and Job Performance," *Journal of Applied Psychology* 96, no. 1 (2011): 113.

10 B. W. Roberts and W. F. DelVecchio, "The Rank-Order Consistency of Personality Traits from Childhood to Old Age: A Quantitative Review of Longitudinal Studies," *Psychological*

Bulletin 126, no. 1 (2000): 3.

11 Anne Case and Christina Paxson, "Stature and Status: Height, Ability, and Labor Market Outcomes," *Journal of Political Economy* 116, no. 3 (2008): 499–532; Timothy A. Judge and Daniel M. Cable, "The Effect of Physical Height on Workplace Success and Income: Preliminary Test of a Theoretical Model," *Journal of Applied Psychology* 89, no. 3 (2004): 428.

12 N. Gregory Mankiw and Matthew Weinzierl, "The Optimal Taxation of Height: A Case Study of Utilitarian Income Redistribution," *American Economic Journal: Economic Policy* 2, no. 1 (2010): 155–176.

13 Timothy A. Judge, Charlice Hurst, and Lauren S. Simon, "Does It Pay to Be Smart, Attractive, or Confident (or All Three)? Relationships among General Mental Ability, Physical Attractiveness, Core Self-Evaluations, and Income," *Journal of Applied Psychology* 94, no. 3 (2009): 742; Judith H. Langlois et al., "Maxims or Myths of Beauty? A Meta-Analytic and Theoretical Review," *Psychological Bulletin* 126, no. 3 (2000): 390.

14 Cort W. Rudolph, Charles L. Wells, Marcus D. Weller, and Boris B. Baltes, "A Meta-Analysis of Empirical Studies of Weight-Based Bias in the Workplace," *Journal of Vocational Behavior* 74, no. 1 (2009): 1–10.

15 Aparna Joshi, Jooyeon Son, and Hyuntak Roh, "When Can Women Close the Gap? A Meta-Analytic Test of Sex Differences in Performance and Rewards," *Academy of Management Journal* 58, no. 5 (2015): 1516–1545.

16 Selcuk R. Sirin, "Socioeconomic Status and Academic Achievement: A Meta-Analytic Review of Research," *Review of Educational Research* 75, no. 3 (2005): 417–453.

17 Mark R. Leary, Ellen S. Tambor, Sonja K. Terdal, and Deborah L. Downs, "Self-Esteem as an Interpersonal Monitor: The Sociometer Hypothesis," *Journal of Personality and Social Psychology* 68, no. 3 (1995): 518.

18 W. Keith Campbell and Constantine Sedikides, "Self-Threat Magnifies the Self-Serving Bias: A Meta-Analytic Integration," *Review of General Psychology* 3, no. 1 (1999): 23–43.

19 Jerald M. Jellison and Jane Green, "A Self-Presentation Approach to the Fundamental Attribution Error: The Norm of Internality," *Journal of Personality and Social Psychology* 40, no. 4 (1981): 643.

20 Raymond S. Nickerson, "Confirmation Bias: A Ubiquitous Phenomenon in Many Guises," *Review of General Psychology* 2, no. 2 (1998): 175.

21 V. M. Zatsiorsky and W. J. Kraemer, *Science and Practice of Strength Training* (Champaign, IL: Human Kinetics, 2006).

步驟1　設定大目標

1 Edwin A. Locke, "Toward a Theory of Task Motivation and Incentives," *Organizational Behavior and Human Performance* 3, no. 2 (1968): 157–189.

2 Timothy A. Judge and Remus Ilies, "Relationship of Personality to Performance Motivation: A Meta-Analytic Review," *Journal of Applied Psychology* 87, no. 4 (2002): 797.

3 Edwin A. Locke and Gary P. Latham, "Building a Practically Useful Theory of Goal Setting and Task Motivation: A 35-Year Odyssey," *American Psychologist* 57, no. 9 (2002): 705.

4 同上。

5 Camille A. Olson and Gregory M. Davis, "Pros and Cons of Forced Ranking and Other Relative Performance Ranking Systems," *Society for Human Resource Management Legal Report*, March 2003 (citing Hay Group, "Achieving Outstanding Performance Through a 'Culture of Dialogue,'" working paper, 2002).

6 A. N. Kluger and A. DeNisi, "The Effects of Feedback Interventions on Performance: A Historical Review, a Meta-Analysis, and a Preliminary Feedback Intervention Theory," *Psychological Bulletin* 119, no. 2 (1996): 254–284.

7 Joel Brockner, William R. Derr, and Wesley N. Laing, "Self-Esteem and Reactions to Negative Feedback: Toward Greater Generalizability," *Journal of Research in Personality* 21, no. 3 (1987): 318–333.

8 Marshall Goldsmith, "Try Feedforward Instead of Feedback," *Journal for Quality and Participation* 8 (2003): 38–40.

步驟 2　堅持適當的行爲

1. Eric Krangel, "Mark Cuban: Yahoo Screwed Because Jerry Is 'Too Nice' (YHOO)," *Business Insider*, October 29, 2008, http://www.businessinsider.com/2008/10/mark-cuban-jerry-yang-isn-t-mean-enough-yhoo-.

2. Jay Yarow, "Jerry Yang Is Out," *Business Insider*, January

17, 2012, http://www.businessinsider.com/jerry-yang-is-out-2012-1.

3. "Steve Jobs: A Genius But a Bad, Mean Manager," Inquirer. net, October 25, 2011, http://technology.inquirer.net/5713/steve-jobs-a- genius-but-a-bad-mean-manager.

4. Brad Stone and Claire Cain Miller, "Jerry Yang, Yahoo Chief, Steps Down," *New York Times*, November 17, 2008, http://www.nytimes.com/2008/11/18/technology/companies/18yahoo.html.

5. Timothy A. Judge, Joyce E. Bono, Remus Ilies, and Megan W. Gerhardt, "Personality and Leadership: A Qualitative and Quantitative Review," *Journal of Applied Psychology* 87, no. 4 (2002): 765.

6. Mercer, 2013 Global Performance Management Survey Report, https://www.mercer.com/content/dam/mercer/attachments/global/Talent/Assess-BrochurePerfMgmt.pdf.

7. Fabio Sala, "Executive Blind Spots: Discrepancies Between Self-and Other-Ratings," *Consulting Psychology Journal: Practice and Research* 55, no. 4 (2003): 222.

8. Scott B. MacKenzie, Philip M. Podsakoff, and Gregory A. Rich, "Transformational and Transactional Leadership and Salesperson Performance," *Journal of the Academy of Marketing Science* 29, no. 2 (2001): 115–134.

9. Robert B. Kaiser and Darren V. Overfield, "Assessing Flexible Leadership as a Mastery of Opposites," *Consulting Psychology Journal: Practice and Research* 62, no. 2 (2010): 105.

10. Kerry L. Jang, W. John Livesley, and Philip A. Vemon,

"Heritability of the Big Five Personality Dimensions and Their Facets: A Twin Study," *Journal of Personality* 64, no. 3 (1996): 577–592.

11. Jule Specht, Boris Egloff, and Stefan C. Schmukle, "Stability and Change of Personality across the Life Course: The Impact of Age and Major Life Events on Mean-Level and Rank-Order Stability of the Big Five," *Journal of Personality and Social Psychology* 101, no. 4 (2011): 862.

12. Bernard M. Bass, Bruce J. Avolio, Dong I. Jung, and Yair Berson, "Predicting Unit Performance by Assessing Transformational and Transactional Leadership," *Journal of Applied Psychology* 88, no. 2 (2003): 207.

13. Timothy A. Judge and Ronald F. Piccolo, "Transformational and Transactional Leadership: A Meta-Analytic Test of Their Relative Validity," *Journal of Applied Psychology* 89, no. 5 (2004): 755.

14. 這四項因素已經重新命名以便理解，原本的名稱參見：Bernard M. Bass and Bruce J. Avolio, *Improving Organizational Effectiveness through Transformational Leadership* (Thousand Oaks, CA: Sage, 1994)。

15. Timothy A. Judge and Joyce E. Bono, "Five-Factor Model of Personality and Transformational Leadership," *Journal of Applied Psychology* 85, no. 5 (2000): 751.

16. Steven N. Kaplan, Mark M. Klebanov, and Morten Sorensen, "Which CEO Characteristics and Abilities Matter?," *Journal of Finance* 67, no. 3 (2012): 973–1007.

17. Justin Kruger and David Dunning, "Unskilled and Unaware of

It: How Difficulties in Recognizing One's Own Incompetence Lead to Inflated Self-Assessments," *Journal of Personality and Social Psychology* 77, no. 6 (1999): 1121.

18. Marshall Goldsmith, "Try Feedforward Instead of Feedback," Journal for Quality and Participation 8 (2003): 38–40.

步驟3　保持快速的自我成長

1　Sarah Lacy, "Peter Thiel: We're in a Bubble and It's Not the Internet. It's Higher Education," *TechCrunch*, April 10, 2011, https://techcrunch.com/2011/04/10/peter-thiel-were-in-a-bubble-and-its-not-the-internet-its-higher-education/.

2　Thiel Fellowship FAQ page, http://thielfellowship.org/faq/, accessed August 18, 2017.

3　Ivy Coach, 2019 Ivy League Admissions Statistics, https://www.ivycoach.com/2019-ivy-league-admissions-statistics/, accessed August 17, 2017.

4　Michael Gentilucci, "Larry Summers Blasts Thiel Foundation Fellowship: 'Single Most Misdirected Bit of Philanthropy This Decade,'" *Inside Philanthropy*, October 16, 2013, https://www.insidephilanthropy.com/tech-philanthropy/2013/10/16/larry-summers-blasts-thiel-foundation- fellowship-single-most.html.

5　Tom Clynes, "Peter Thiel Thinks You Should Skip College, and He'll Even Pay You for Your Trouble," *Newsweek*, February 22, 2017, http://www.newsweek.com/2017/03/03/peter-thiel-fellowship-college-higher-education-559261.html.

6　Michael M. Lombardo and Robert W. Eichinger, *The*

Leadership Machine (Minneapolis: Lominger, 2005).

7 Ilana Kowarski, "Map: Where *Fortune* 100 CEOs Earned MBAs," *US News and World Report*, March 21, 2017, https://www.usnews.com/education/best-graduate-schools/top-business-schools/articles/2017-03-21/map-where-fortune-100-ceos-earned-mbas.

8 Marshall Goldsmith, *What Got You Here Won't Get You There: How Successful People Become Even More Successful* (New York: Profile Books, 2010).

步驟4 人脈很重要，有效建立並運用關係

1 "The Capitol's Age Pyramid: A Greying Congress," *Wall Street Journal*, http://online.wsj.com/public/resources/documents/info-CONGRESS_AGES_1009.html, accessed July 25, 2017.

2 Diane Coutu, "Lessons in Power: Lyndon Johnson Revealed," *Harvard Business Review*, April 2006, https://hbr.org/2006/04/lessons-in-power-lyndon-johnson-revealed.

3 Ko Kuwabara, Claudius Hildebrand, and Xi Zou, "Lay Theories of Networking: How Laypeople's Beliefs about Networks Affect Their Attitudes and Engagement toward Instrumental Networking," *Academy of Management Review* 43, no. 1 (2016), doi:10.5465/amr.2015.0076.

4 Bob Morris, "Jeffrey Pfeffer on Leadership BS: An Interview by Bob Morris," *Blogging on Business*, February 28, 2016, https://bobmorris.biz/jeffrey-pfeffer-on-leadership-bs-an-interview-by-bob-morris.

5 Sandy J. Wayne and Robert C. Liden, "Effects of Impression

Management on Performance Ratings: A Longitudinal Study," *Academy of Management Journal* 38, no. 1 (1995): 232–260.

6　Neville T. Duarte, Jane R. Goodson, and Nancy R. Klich, "How Do I Like Thee? Let Me Appraise the Ways," *Journal of Organizational Behavior* 14, no. 3 (1993): 239–249.

7　Ralph Katz, Michael Tushman, and Thomas J. Allen, "The Influence of Supervisory Promotion and Network Location on Subordinate Careers in a Dual Ladder RD&E Setting," *Management Science* 41, no. 5 (1995): 848–863.

8　Scott E. Seibert, Maria L. Kraimer, and Robert C. Liden, "A Social Capital Theory of Career Success," *Academy of Management Journal* 44, no. 2 (2001): 219–237.

9　Rob Cross and Jonathon N. Cummings, "Tie and Network Correlates of Individual Performance in Knowledge-Intensive Work," *Academy of Management Journal* 47, no. 6 (2004): 928–937.

10　Cameron Anderson, Sandra E. Spataro, and Francis J. Flynn, "Personality and Organizational Culture as Determinants of Influence," *Journal of Applied Psychology* 93, no. 3 (2008): 702.

11　Samuel Y. Todd, Kenneth J. Harris, Ranida B. Harris, and Anthony R. Wheeler, "Career Success Implications of Political Skill," *Journal of Social Psychology* 149, no. 3 (2009): 279–304.

12　Chu-Hsiang Chang, Christopher C. Rosen, and Paul E. Levy, "The Relationship between Perceptions of Organizational Politics and Employee Attitudes, Strain, and Behavior: A Meta-Analytic Examination," *Academy of Management Journal* 52, no. 4 (2009): 779–801.

13 Edward E. Jones, Lloyd K. Stires, Kelly G. Shaver, and Victor A. Harris, "Evaluation of an Ingratiator by Target Persons and Bystanders," *Journal of Personality* 36, no. 3 (1968): 349–385.

14 John S. Seiter and Eric Dutson, "The Effect of Compliments on Tipping Behavior in Hairstyling Salons," *Journal of Applied Social Psychology* 37, no. 9 (2007): 1999–2007.

15 Elaine Chan and Jaideep Sengupta, "Insincere Flattery Actually Works: A Dual Attitudes Perspective," *Journal of Marketing Research* 47, no. 1 (2010): 122–133.

16 Mark C. Bolino and William H. Turnley, "More Than One Way to Make an Impression: Exploring Profiles of Impression Management," *Journal of Management* 29, no. 2 (2003): 141–160.

17 Alvin W. Gouldner, "The Norm of Reciprocity: A preliminary statement," *American Sociological Review* 25, no. 2 (1960): 161–178.

18 Seibert et al., "A Social Capital Theory of Career Success."

19 Jens B. Asendorpf and Susanne Wilpers, "Personality Effects on Social Relationships," *Journal of Personality and Social Psychology* 74, no. 6 (1998): 1531.

20 Joel M. Podolny and James N. Baron, "Resources and Relationships: Social Networks and Mobility in the Workplace," *American Sociological Review* 62, no. 5 (1997): 673–693.

21 Thomas Gilovich, Victoria Husted Medvec, and Kenneth Savitsky, "The Spotlight Effect in Social Judgment: An Egocentric Bias in Estimates of the Salience of One's Own

Actions and Appearance," *Journal of Personality and Social Psychology* 78, no. 2 (2000): 211.

22 Nicholas Epley, Kenneth Savitsky, and Thomas Gilovich, "Empathy Neglect: Reconciling the Spotlight Effect and the Correspondence Bias," *Journal of Personality and Social Psychology* 83, no. 2 (2002): 300.

23 Thomas V. Pollet, Sam G. B. Roberts, and Robin I. M. Dunbar, "Extraverts Have Larger Social Network Layers," *Journal of Individual Differences* 32, no. 3 (2011).

步驟5　盡可能與公司需求契合

1 Richard Foster and Sarah Kaplan, *Creative Destruction: Why Companies That Are Built to Last Underperform the Market—and How to Successfully Transform Them* (New York: Crown Business, 2011).

2 Betsy Morris, "The Real Story: How Did Coca-Cola's Management Go from First-Rate to Farcical in Six Short Years?," *Fortune*, May 31, 2004, 84.

3 Bernard M. Bass, "Two Decades of Research and Development in Transformational Leadership," *European Journal of Work and Organizational Psychology* 8, no. 1 (1999): 9–32.

4 同注釋2。

5 Warren Bennis and James O'Toole, "Don't Hire the Wrong CEO," *Harvard Business Review*, May–June 2000, 170–176.

6 Timothy A. Judge, "Person–Organization Fit and the Theory of Work Adjustment: Implications for Satisfaction, Tenure, and Career Success," *Journal of Vocational Behavior* 44, no. 1

(1994): 32–54.

7　Michelle L. Verquer, Terry A. Beehr, and Stephen H. Wagner, "A Meta-Analysis of Relations between Person–Organization Fit and Work Attitudes," *Journal of Vocational Behavior* 63, no. 3 (2003): 473–489.

8　Hao Zhao, Scott E. Seibert, and G. Thomas Lumpkin, "The Relationship of Personality to Entrepreneurial Intentions and Performance: A Meta-Analytic Review," *Journal of Management* 36, no. 2 (2010): 381–404.

9　Robert E. Quinn and Kim Cameron, "Organizational Life Cycles and Shifting Criteria of Effectiveness: Some Preliminary Evidence," *Management Science* 29, no. 1 (1983): 33–51.

10　追求兼顧創新和效率，意味著你必須比最重視效率的對手更有效率，同時比最重視創新的對手更能創新。在任何一段有意義的時間裡，這種策略都是不可持續的。Stewart Thornhill and Roderick E. White, "Strategic Purity: A Multi-Industry Evaluation of Pure vs. Hybrid Business Strategies," *Strategic Management Journal* 28, no. 5 (2007): 553–561.

11　Bass, "Two Decades of Research and Development in Transformational Leadership."

12　Aparna Joshi and Hyuntak Roh, "The Role of Context in Work Team Diversity Research: A Meta-Analytic Review," *Academy of Management Journal* 52, no. 3 (2009): 599–627.

步驟6　職場上，適時假裝一下是必要

1　Stephanie Cook Broadhurst, "For This Role, Artist Literally

Starved," *Christian Science Monitor*, December 27, 2002, https://www.csmonitor.com/2002/1227/p15s01-almo.html.

2   Mark Snyder, "Self-Monitoring Processes," *Advances in Experimental Social Psychology* 12 (1979): 85–128.

3   Adrian Furnham, "Personality Correlates of Self-Monitoring: The Relationship between Extraversion, Neuroticism, Type A Behaviour and Snyder's Self-Monitoring Construct," *Personality and Individual Differences* 10, no. 1 (1989): 35–42.

4   David V. Day, Deidra J. Shleicher, Amy L. Unckless, and Nathan J. Hiller, "Self-Monitoring Personality at Work: A Meta-Analytic Investigation of Construct Validity," *Journal of Applied Psychology* 87, no. 2 (2002): 390.

5   Murray R. Barrick, Laura Parks, and Michael K. Mount, "Self-Monitoring as a Moderator of the Relationships between Personality Traits and Performance," *Personnel Psychology* 58, no. 3 (2005): 745–767.

6   Fred Luthans, Richard Hodgetts, and Stuart Rosenkrantz, *Real Managers* (Pensacola, FL: Ballinger, 1988).

7   Timothy A. Judge, Joyce E. Bono, Remus Ilies, and Megan W. Gerhardt, "Personality and Leadership: A Qualitative and Quantitative review," *Journal of Applied Psychology* 87, no. 4 (2002): 765.

8   Jeffrey Pfeffer, *Managing with Power: Politics and Influence in Organizations* (Boston: Harvard Business Press, 1992).

9   Christopher F. Karpowitz, Tali Mendelberg, and Lee Shaker, "Gender Inequality in Deliberative Participation," *American Political Science Review* 106, no. 3 (2012): 533–547.

10 Fred Luthans, "Successful vs. Effective Real Managers," *Academy of Management Executive* 2, no. 2 (1988): 127–132.

11 同注釋8。

12 Jeffrey Pfeffer, *Power: Why Some People Have It—and Others Don't* (New York: HarperBusiness, 2010).

13 Timothy A. Judge and Robert D. Bretz Jr., "Political Influence Behavior and Career Success," *Journal of Management* 20, no. 1 (1994): 43–65.

14 同注釋6。

15 Mark A. Griffin, Sharon K. Parker, and Claire M. Mason, "Leader Vision and the Development of Adaptive and Proactive Performance: A Longitudinal Study," *Journal of Applied Psychology* 95, no. 1 (2010): 174.

16 同注釋10。

17 Angela Y. Lee and Aparna A. Labroo, "The Effect of Conceptual and Perceptual Fluency on Brand Evaluation," *Journal of Marketing Research* 41, no. 2 (2004): 151–165.

18 Chad A. Higgins, Timothy A. Judge, and Gerald R. Ferris, "Influence Tactics and Work Outcomes: A Meta-Analysis," *Journal of Organizational Behavior* 24, no. 1 (2003): 89–106.

19 同注釋12。

步驟7　如何做好體能管理

1　Allison G. Harvey, Kathleen Stinson, Katriina L. Whitaker, Damian Moskovitz, and Harvinder Virk, "The Subjective Meaning of Sleep Quality: A Comparison of Individuals with and without Insomnia," *Sleep* 31, no. 3 (2008): 383–393.

2　Brett Litwiller, Lori Anderson Snyder, William D. Taylor, and Logan M. Steele, "The Relationship between Sleep and Work: A Meta-Analysis," *Journal of Applied Psychology* 102, no. 4 (2017): 682–699.

3　June J. Pilcher, Douglas R. Ginter, and Brigitte Sadowsky, "Sleep Quality versus Sleep Quantity: Relationships between Sleep and Measures of Health, Well-Being and Sleepiness in College Students," *Journal of Psychosomatic Research* 42, no. 6 (1997): 583–596.

4　同注釋2。

5　Patrick H. Finan, Phillip J. Quartana, and Michael T. Smith, "The Effects of Sleep Continuity Disruption on Positive Mood and Sleep Architecture in Healthy Adults," *Sleep* 38, no. 11 (2015): 1735–1742.

6　Max Hirshkowitz et al., "National Sleep Foundation's Sleep Time Duration Recommendations: Methodology and Results Summary," *Sleep Health* 1, no. 1 (2015): 40–43.

7　Gandhi Yetish et al., "Natural Sleep and Its Seasonal Variations in Three Pre-industrial Societies," *Current Biology* 25, no. 21 (2015): 2862–2868.

8　Yvonne Harrison and James A. Horne, "The Impact of Sleep Deprivation on Decision Making: A Review," *Journal of Experimental Psychology: Applied* 6, no. 3 (2000): 236.

9　Melinda Beck, "The Sleepless Elite, Why Some People Can Run on Little Sleep and Get So Much Done," *Wall Street Journal*, April 5, 2011, https://www.wsj.com/articles/SB100014 24052748703712504576242701752957910.

10 Michael T. Lin et al., M. Flint Beal, and David K. Simon, "Somatic Mitochondrial DNA Mutations in Early Parkinson and Incidental Lewy Body Disease," *Annals of Neurology* 71, no. 6 (2012): 850–854.

11 J. Horne, "The End of Sleep: 'Sleep Debt' versus Biological Adaptation of Human Sleep to Waking Needs," *Biological Psychology* 87, no. 1 (2011): 1–14.

12 Gregory Belenky et al., "Patterns of Performance Degradation and Restoration during Sleep Restriction and Subsequent Recovery: A Sleep Dose-Response Study," *Journal of Sleep Research* 12, no. 1 (2003): 1–12.

13 Ester Zylber-Katz, Liora Granit, and Micha Levy, "Relationship between Caffeine Concentrations in Plasma and Saliva," *Clinical Pharmacology & Therapeutics* 36, no. 1 (1984): 133–137.

14 Christopher Drake, Timothy Roehrs, John Shambroom, and Thomas Roth, "Caffeine Effects on Sleep Taken 0, 3, or 6 Hours before Going to Bed," *Journal of Clinical Sleep Medicine* 9, no. 11 (2013): 1195–1200.

15 Ahmad Afaghi, Helen O'Connor, and Chin Moi Chow, "High-Glycemic-Index Carbohydrate Meals Shorten Sleep Onset," *American Journal of Clinical Nutrition* 85, no. 2 (2007): 426–430.

16 S. H. A. Holt, H. J. Delargy, C. L. Lawton, and J. E. Blundell, "The Effects of High-Carbohydrate vs High-Fat Breakfasts on Feelings of Fullness and Alertness, and Subsequent Food Intake," *International Journal of Food Sciences and Nutrition*

50, no. 1 (1999): 13–28.

17 James P. Burton, Jenny M. Hoobler, and Melinda L. Scheuer, "Supervisor Workplace Stress and Abusive Supervision: The Buffering Effect of Exercise," *Journal of Business and Psychology* 27, no. 3 (2012): 271–279.

18 Amber J. Tietzel and Leon C. Lack, "The Short-Term Benefits of Brief and Long Naps Following Nocturnal Sleep Restriction," *Sleep* 24, no. 3 (2001): 293–300.

19 Sara C. Mednick, Denise J. Cai, Jennifer Kanady, and Sean P. A. Drummond, "Comparing the Benefits of Caffeine, Naps and Placebo on Verbal, Motor and Perceptual Memory," *Behavioural Brain Research* 193, no. 1 (2008): 79–86.

20 Tom M. McLellan, John A. Caldwell, and Harris R. Lieberman, "A Review of Caffeine's Effects on Cognitive, Physical and Occupational Performance," *Neuroscience and Biobehavioral Reviews* 71 (2016): 294–312.

21 Crystal F. Haskell, David O. Kennedy, Keith A. Wesnes, and Andrew B. Scholey, "Cognitive and Mood Improvements of Caffeine in Habitual Consumers and Habitual Non-consumers of Caffeine," *Psychopharmacology* 179, no. 4 (2005): 813–825.

22 Yu-Kai Chang, J. D. Labban, J. I. Gapin, and Jennifer L. Etnier, "The Effects of Acute Exercise on Cognitive Performance: A Meta-Analysis," *Brain Research* 1453 (2012): 87–101.

23 Charles H. Hillman, Kirk I. Erickson, and Arthur F. Kramer, "Be Smart, Exercise Your Heart: Exercise Effects on Brain and Cognition," *Nature Reviews Neuroscience* 9, no. 1 (2008): 58–65.

24 同注釋22。

25 同上。

26 同上。

27 同上。

步驟8　避免分心

1　Robert E. Kaplan and Robert B. Kaiser, *Fear Your Strengths: What You Are Best at Could Be Your Biggest Problem* (San Francisco: Berrett-Koehler Publishers, 2013); Silvia Moscoso and Jesús F. Salgado, "'Dark Side' Personality Styles as Predictors of Task, Contextual, and Job Performance," *International Journal of Selection and Assessment* 12, no. 4 (2004): 356–362.

2　D. L. Joseph, J. Jin, D. A. Newman, and E. H. O. Boyle, "Why Does Self-reported Emotional Intelligence Predict Job Performance? A Meta-Analytic Investigation of Mixed EI," *Journal of Applied Psychology* 100 (2015): 298–342.

3　Tomas Chamorro-Premuzic, "Emotional Intelligence Is Not Quite Total B.S.," *Talent Quarterly*, no. 14 (August 2017): 41–43.

4　同注釋2，298。

5　D. L. Joseph and D. A. Newman, "Emotional Intelligence: An Integrative Meta-Analysis and Cascading Model," *Journal of Applied Psychology* 95, no. 1 (2010): 54.

6　Anders Ericsson and Robert Pool, "Malcolm Gladwell Got Us Wrong: Our Research Was Key to the 10,000-Hour Rule, But Here's What Got Oversimplified," *Salon*, April 10, 2016,

http://www.salon.com/2016/04/10/malcolm_gladwell_got_
us_wrong_our_research_was_key_to_the_10000_hour_rule_
but_heres_what_got_oversimplified/.

7　David Z. Hambrick, Erik M. Altmann, Frederick L. Oswald, Elizabeth J. Meinz, Fernand Gobet, and Guillermo Campitelli, "Accounting for Expert Performance: The Devil Is in the Details," *Intelligence* 45 (2014): 112–114.

8　Angela Duckworth, *Grit: The Power of Passion and Perseverance* (New York: Simon and Schuster, 2016).

9　M. Credé, M. C. Tynan, and P. D. Harms, "Much Ado about Grit: A Meta-Analytic Synthesis of the Grit Literature," *Journal of Personality and Social Psychology* 113, no. 1 (2017).

10　Bill George, "The Truth About Authentic Leaders," Harvard Business School Working Knowledge, July 16, 2016, http://hbswk.hbs.edu/item/the-truth-about-authentic-leaders#comments.

11　Todd Schofield, "How to Adopt the Silicon Valley Mindset," Standard Chartered, Beyond Borders, https://www.sc.com/BeyondBorders/adopt-silicon-valley-mindset/.

12　Heidi Grant and Carol S. Dweck, "Clarifying Achievement Goals and Their Impact," *Journal of Personality and Social Psychology* 85, no. 3 (2003): 541.

13　Carol S. Dweck and Ellen L. Leggett, "A Social-Cognitive Approach to Motivation and Personality," *Psychological Review* 95, no. 2 (1988): 256.

14　Ian J. Deary et al., "The Stability of Individual Differences in Mental Ability from Childhood to Old Age: Follow-up of the

1932 Scottish Mental Survey," *Intelligence* 28, no. 1 (2000): 49–55.

15 Kira O. McCabe, Nico W. Van Yperen, Andrew J. Elliot, and Marc Verbraak, "Big Five Personality Profiles of Context-Specific Achievement Goals," *Journal of Research in Personality* 47, no. 6 (2013): 698–707.

16 Dana R. Carney, Amy J. C. Cuddy, and Andy J. Yap, "Power Posing: Brief Nonverbal Displays Affect Neuroendocrine Levels and Risk Tolerance," *Psychological Science* 21, no. 10 (2010): 1363–1368.

17 Maquita Peters, "'Power Poses' Co-Author: 'I Do Not Believe the Effects Are Real,'" National Public Radio, October 1, 2016, http://www.npr.org/2016/10/01/496093672/power-poses-co-author-i-do-not-believe-the-effects-are-real; Eva Ranehill et al., "Assessing the Robustness of Power Posing: No Effect on Hormones and Risk Tolerance in a Large Sample of Men and Women," *Psychological Science* 26, no. 5 (2015): 653–656.

附錄　自我評估工具與十項性格量表

1 Samuel D. Gosling, Peter J. Rentfrow, and William B. Swann, "A Very Brief Measure of the Big-Five Personality Domains," *Journal of Research in Personality* 37, no. 6 (2003): 504–528.

 星出版 財經商管 Biz 003

高績效人士都在做的 8 件事
8 Steps to High Performance

Focus On What You Can Change
(Ignore the Rest)

作者 —— 馬克·艾福隆 Marc Effron
譯者 —— 許瑞宋

總編輯 —— 邱慧菁
特約編輯 —— 吳依亭
校對 —— 李蓓蓓
封面設計 —— Stephani Finks
封面完稿 —— 李岱玲
內頁排版 —— 立全電腦印前排版有限公司

讀書共和國出版集團社長 —— 郭重興
發行人兼出版總監 —— 曾大福
出版 —— 星出版
發行 —— 遠足文化事業股份有限公司
        231 新北市新店區民權路 108 之 4 號 8 樓
        電話：886-2-2218-1417
        傳真：886-2-8667-1065
        郵撥帳號：19504465 遠足文化事業股份有限公司
        客服專線 0800221029
法律顧問 —— 華洋法律事務所 蘇文生律師
製版廠 —— 中原造像股份有限公司
印刷廠 —— 中原造像股份有限公司
裝訂廠 —— 中原造像股份有限公司
登記證 —— 局版台業字第 2517 號

出版日期 —— 2019 年 08 月 07 日第一版第一次印行
定價 —— 新台幣 400 元
書號 —— 2BBZ0003
ISBN —— 978-986-97445-5-3

星出版讀者服務信箱 —— starpublishing@bookrep.com.tw
讀書共和國網路書店 —— www.bookrep.com.tw
讀書共和國客服信箱 —— service@bookrep.com.tw
歡迎團體訂購，另有優惠，請洽業務部：886-2-22181417 ext. 1132 或 1520
本書如有缺頁、破損、裝訂錯誤，請寄回更換。
本書僅代表作者言論，不代表星出版立場。

國家圖書館出版品預行編目（CIP）資料

高績效人士都在做的 8 件事／馬克·艾福隆（Marc Effron）著；
許瑞宋譯.
第一版 . -- 新北市：星出版：遠足文化發行 , 2019.08
272 面；14.8x21 公分 . --（財經商管；Biz 003）.
譯自：8 Steps to High Performance: Focus On What You Can
Change（Ignore the Rest）

　ISBN 978-986-97445-5-3(平裝)

1. 時間管理 2. 工作效率

494.01   108012254

新觀點
新思維
新眼界

Star*
星出版